GEDANKEN ZUR NATURPHILOSOPHIE

VON

PROF. Dr. MED. ET PHIL. PAUL SCHILDER
WIEN

WIEN
VERLAG VON JULIUS SPRINGER
1928

ISBN-13: 978-3-7091-9601-4   e-ISBN-13: 978-3-7091-9848-3
DOI: 10.1007/978-3-7091-9848-3

Vorwort

Dieses Buch ist das Buch eines Psychiaters und Psychologen, der, auf seinem Wissenschaftsgebiete fußend, versucht, das Wesentliche der Naturwissenschaft zu überblicken, um den philosophischen Gehalt des geförderten wissenschaftlichen Materials prüfen zu können. Bei diesem Versuch ist es zweifellos ein Hindernis, daß dem Autor des Buches tiefergreifende Kenntnisse auf physikalischem, mathematischem und biologischem Gebiete nicht zu Gebote stehen; er steht jenen Wissenschaften als Außenseiter gegenüber. Vielleicht liegt gerade hier die Stärke seiner Position, denn irgendwo muß das Fachwissen auch demjenigen sich erschließen, der eine andere Teildisziplin wissenschaftlich bearbeitet. Dieser Sachverhalt nötigt den Autor, seine Darlegungen über physikalische Probleme vorwiegend auf zusammenfassende Darstellungen zu stützen. Auf Einzeluntersuchungen konnte nicht zurückgegriffen werden. Aus methodischen Gründen werden auch im zweiten biologischen Teile gleichfalls zusammenfassende Werke bevorzugt, trotzdem bei der größeren Verwandtschaft der Arbeitsgebiete dem Autor der Zugang zur wissenschaftlichen Einzelarbeit nicht verschlossen ist. Es kann nicht Aufgabe des Autors sein, bei diesem Stande der Dinge die wissenschaftliche Einzelproblematik der ihm fremden Wissenschaften kritisch zu beleuchten und fördern zu wollen. Er hat es sogar für wünschenswert gehalten, einzelne sehr elementare Tatsachen wieder ins Gedächtnis zurückzurufen, um seine Gedankengänge an ihnen zu veranschaulichen, Tatsachen, welche den naturwissenschaftlich Unterrichteten geläufig sind. Es bereitet ihm bereits große Bedenken, daß er in der Frage der Vererbung erworbener Eigenschaften von der derzeit herrschenden wissenschaftlichen Meinung abweicht; aber gerade in diesem Punkte läßt das vorhandene Tatsachenmaterial eine mehrfache Deutungsart zu und die der geltenden Lehre widersprechende Anschauung entspricht besser einer Fülle von Beobachtungen auf dem Gebiete der Psychologie. In der Tat sind FERENCZI und BLEULER, von Betrachtungsweisen, welche der dieses Buches innerlich nahe verwandt sind, ausgehend, zu einer ähnlichen Stellungnahme gekommen. Das Ziel dieses Buches ist nicht einzelwissenschaftlich und selbst dort, wo es neue psychologische Formulierungen bringt, will es die Psychologie in den Dienst der philosophischen Erkenntnis stellen. Die Absicht des Buches ist eine philosophische, es fordert zu einer naiveren Betrachtung des Naturgeschehens auf, will die Realität nicht ihrer Eigenschaften entkleiden lassen und sieht auch in den Erlebnissen des strebenden Menschen ein wesentliches Bestandstück des Seins.

Des strebenden Menschen, wie ihn uns FREUD zu sehen lehrte. Dieser säkularen Erscheinung fühle ich mich auf das tiefste verpflichtet. Die von ihm erreichten psychologischen Einsichten sind für mich in vielen — nicht in allen — Punkten bindend. Sie leuchten in vielen Ausführungen dieses Buches durch. Aber die philosophische Grundhaltung dieses Buches weicht von der FREUDs ab. Der Trieb zielt nach FREUD lediglich nach Befriedigung und Ruhe. Den Wert des triebhaften Drängens selbst erkennt FREUD nicht an. Wenn auch das Wertproblem und die ethische Rangordnung nicht Gegenstand naturphilosophischer Erwägung ist: jede philosophische Stellungnahme und jede Untersuchung wesentlicher Probleme wäre haltlos ohne eine bestimmte Beziehung zu dem Kernproblem des Lebens: der Wertordnung, dem Ethos. So deutet sich hier nur an, daß es eine Wertordnung gebe, welche freilich vom Einzelindividuum, das mit dem Organismus eins ist, erfaßt wird. Ich bekenne mich zu dieser der Psychoanalyse fernliegenden Überzeugung, die freilich meines Erachtens dem Wesensgehalt der Psychoanalyse nicht widerspricht. Ich habe sie hier nicht zu begründen versucht, ja ich habe sie hier gar nicht eingehend behandelt. Aber auch vieles, was Gegenstand dieser Abhandlung ist, wird zunächst ohne tiefere Begründung behauptet. Ich habe auch philosophische Diskussionen vermieden und philosophisches Schrifttum nicht berücksichtigt.

Die Parapsychologie wird hier nicht berührt. Die quaestio facti scheint mir nicht hinreichend geklärt. Ich habe es vermieden, Erwägungen an etwas anzuknüpfen, dessen Existenz mir fragwürdig erscheint. Ich bekenne gerne, daß mir auf okkultem Gebiete nur geringe eigene Erfahrung zugebote steht; diese ist aber eine durchaus negative.

Was ich biete, sind Gedanken zur Naturphilosophie, kein vollendetes, abgerundetes System, Gedanken, die allerdings mehr sein wollen, als eine Überzeugung. Freilich: ,,Richtig denken und handeln ist schließlich eine Gabe, die uns zuteil wird. — Wir können uns durch den starken Willen zum Richtigen bereit machen, sie zu empfangen, erzwingen können wir sie nicht!'' Aber wer wagt es, von sich zu behaupten, daß er im Zustand der Gnade lebt?

Wien, im Februar 1928.

Paul Schilder

Inhaltsverzeichnis

Erster Teil
Das Unbelebte

Zweiter Teil
Das Belebte

Erster Teil

Das Unbelebte

Vorbemerkung

Naturphilosophie setzt zunächst die Wirklichkeit der Welt voraus. Sie nimmt sie als gegeben hin. Doch mag eine Besinnung über die Gegebenheit dessen, was Naturphilosophie als wirklich voraussetzt, von Nutzen sein.

Jedes Erlebnis hat grundsätzlich drei Glieder. Ein Ich, welches den Gegenständen zugewendet ist, einen Gegenstand, auf den es sich richtet, und ein Mitbeteiligtsein des Körpers. Man könnte dieses dritte Glied als Empfindung charakterisieren. Die DRIESCHsche Formel[1]): „Ich habe bewußt etwas", ist unvollständig. Sie wäre zu ergänzen: „durch meinen Leib".

Man kann die Erlebnisse trennen in solche, bei denen das Leibbewußtsein und das Gegenstandsbewußtsein scharf auseinanderrücken: ich sehe den Gegenstand vor mir, ich empfinde vage an meinem Körper Allgemeinempfindungen und darüber hinaus lokale Sensationen, die mit dem Sehen als solchem in Zusammenhang stehen. Der Augenschluß überzeugt mich leicht, daß auch an dem scheinbar reinen Wahrnehmungsbestand mein Körper, meine Empfindung beteiligt ist. Dieses sekundäre „Empfindungserlebnis" darf mit dem primären nicht verwechselt werden. Ich empfinde Schmerz: hier ist das Wahrnehmungserlebnis vage im Vergleich zu dem Körper-Empfindungserlebnis. Mein Schmerz steht im Vordergrund. Gleichwohl liegt in diesem, daß ein Etwas mir Schmerz verursacht, sogar bei jenen Schmerzen, welche im Leibesinnern zustande kommen. Es gibt also Akzentunterschiede im Erlebnis: bald liegt der Akzent mehr auf der Wahrnehmungsseite, bald mehr auf der Empfindungsseite des Erlebnisses. Liegt der Akzent stärker auf der Empfindungsseite, so springt der Gefühlscharakter des Erlebnisses stärker hervor. Gefühle sind nicht Motoren, sondern Indikatoren der Erlebnisse. Sie sind der Widerschein der Haltungen der Akte, sie sind dem Leibbewußtsein enge angegliedert, sind aber nicht — wie die JAMES-LANGEsche Theorie behauptet — mit ihm identisch[2]).

---

[1]) DRIESCH: Grundprobleme der Psychologie. Leipzig: Reinicke. 1926.

[2]) Vgl. hiezu SCHILDER, P.: Medizinische Psychologie. Berlin: Julius Springer. 1924.

Naturphilosophie beachtet alles Wahrgenommene, die Dinge und den Leib. Sie zweifelt zunächst nicht an ihrer Wirklichkeit, eine Einstellung, die sie mit der Physik teilt. Die Physik als Lehre von den wirklichen Dingen abstrahiert aber in einem großartigen Maße von der körperlichen Seite der Erlebnisse. Wir wollen die Grundlage dieser Abstraktion zunächst prüfen.

Die Masse

Der Begriff der Masse wird aus sehr alltäglichen Erfahrungen gewonnen. Um Gegenstände gleichen Aussehens zu bewegen, ist bald eine größere, bald eine geringere Kraftanstrengung notwendig. Wir vermuten, daß eine Kugel, welche besonders leicht bewegbar ist, hohl sei, und schreiben der schwerer bewegbaren eine größere Masse zu. Teilen wir einen Gegenstand, so setzt jedes der Teilstücke dem Bewegtwerden einen geringeren Widerstand entgegen als das Ganze. Der Widerstand gegen die bewegende Kraft ist geringer geworden. Diesen Widerstand, den der Körper gegen die Bewegung leistet, wird von der Physik seit NEWTON als Trägheit bezeichnet. Daß wir einen Körper bewegen, heißt in der Sprache der Physik, daß wir ihm eine Beschleunigung erteilen. Schon die ungeübte Erfahrung ergibt, daß die aufgewendete Kraft größer sein muß, wenn ich dem Körper eine größere Beschleunigung erteilen will. Wirkt die Kraft, wirkt meine Anstrengung fortdauernd weiter, so nimmt die Beschleunigung zu. Die Physik weist nach, daß die Zunahme der Geschwindigkeit bei gleichbleibender Intensität der Kraft pro Sekunde eine konstante ist. Wird die Intensität der Kraft mit k, die erzeugte Beschleunigung mit γ und mit m eine Proportionalitätskonstante bezeichnet, so ergibt sich die Beziehung $k = m\,\gamma$. Die Konstante m ist nun das, was wir als Masse des Körpers definieren. Soweit die Physik. (Ich folge in der Darstellung dem Buche von F. EXNER[1]). Die Beziehung zwischen Kraft und Beschleunigung kann jedoch auch auf das Schwerefeld der Erde angewendet werden. Es ist dann $P = m \cdot g$, wobei P das Gewicht des Körpers, das heißt seinen Druck auf die Unterlage und den Einfluß der Erdschwere, und g die Erdbeschleunigung bedeutet.

Die Masse m ist in diesem Falle durch den Quotienten $\dfrac{P}{g}$ definiert, wobei ebenso wie früher k und γ Zähler und Nenner meßbare Größen sind, und ist dem Gewichte proportional. Wir können also die Masse eines Körpers auch dadurch bestimmen, daß wir den Körper der Schwere entgegenheben. EXNER[1] definiert folgendermaßen: Masse ist eine Konstante, durch welche die Größe der Erdanziehungskraft auf den

---

[1] Vorlesungen über die physikalischen Grundlagen der Naturwissenschaften, 2. Aufl. Wien: F. Deuticke. 1922.

Körper gemessen wird. In diesem Falle sprechen wir von der schweren Masse; oder: Masse ist jene Konstante, die den Widerstand des Körpers gegen eine Beschleunigung bestimmt, die sogenannte träge Masse. Daß man in beiden Fällen doch dasselbe meint, folgt aus der Erfahrung, indem beim freien Fall alle Körper gleich schnell fallen. Hat man etwa zwei gleiche Stücke Blei und Kupfer von gleichem Gewicht, so haben dieselben die gleiche schwere Masse. Beim Fall wirkt auf sie die gleiche Kraft, und da diese ihnen auch die gleiche Beschleunigung erteilt, so müssen diese auch dieselbe „träge Masse" besitzen.

Welches ist nun die erkenntnistheoretische Bedeutung dieses physikalischen Massenbegriffes, der ja für eine auf Mechanik aufgebaute physikalische Weltbetrachtung von grundlegender Bedeutung ist? Masse und Kraft, oder Kraft und Stoff scheinen für eine materialistische Betrachtung ausreichend, um daraus ein Weltbild aufzubauen. Auch der naiven Betrachtung scheint die Eigenschaft der Masse und der Schwere unmittelbarer den Naturdingen zuzugehören als etwa Farbe und Geruch. Man hat auch von primären und sekundären Qualitäten der Materie gesprochen und hat wohl auch den ersteren einen größeren Wert für die Erkenntnis zugeschrieben. Es bedarf wohl keiner eingehenden Auseinandersetzungen, um darzutun, daß die primären und sekundären Qualitäten sich in bezug auf die Bedeutung für das Erkennen des Wirklichen in nichts unterscheiden. Das hat bereits KANT unwiderleglich bewiesen. Die Materie, die Masse ist keineswegs das „Ding an sich". Auch die Wahrnehmung der Masse baut sich vermittels der Sinne auf. Der erkenntnistheoretische Wert der primären Sinnesqualitäten übersteigt also nicht den der sekundären Sinnesqualitäten. Auge und Ohr vermitteln uns nicht weniger und nicht mehr von der wirklichen Realität als jene Sinneseindrücke, welche uns den Begriff der Masse vermitteln. Damit taucht auch sofort die Frage auf, welches denn die Sinnesorgane seien, welche uns den Eindruck der Masse geben. Von dieser Betrachtungsweise aus werden wir aber auch zu dem Problem vordringen, weshalb denn die primären Qualitäten uns doch inniger den Dingen anzuhaften scheinen, weshalb sie psychologisch den Anschein erwecken, unmittelbarer zur Realität hinzuleiten.

Nun wirken zur Gewinnung des Masseneindruckes zwei Sinnestätigkeiten zusammen. Neben dem taktilen Eindruck der Oberflächensensibilität der Haut spielt der Kraftsinn eine bedeutende Rolle. Es ist sehr wahrscheinlich, daß wir zu einem richtigen Schwereindruck überhaupt nicht kommen würden, wenn die Gegenstände nur auf die passiv unterstützte Hand oder auf den Körper gelegt würden. Bei derartigen passiv erlangten Eindrücken spielt neben der oberflächlichen Hautsensibilität (Berührung, Wärme und Schmerzqualitäten) nach Ansicht einiger Autoren auch die Empfindlichkeit der tiefen Gewebe in besonderer

Weise mit, doch ist es durch die Untersuchungen von FREY und GOLD-
SCHEIDER zumindest wahrscheinlich, daß diese Tiefendruckempfindung
nur von einer geringen Bedeutung sei, wofern sie überhaupt existiert
(vgl. zu dieser Frage COHEN[1]).

Durch die Untersuchungen von FREY[2]) sind wir aber auf eine andere
wesentliche Sinnesqualität aufmerksam gemacht worden, auf den Kraftsinn, das heißt auf Sinnesorgane, welche in der Muskulatur selbst gelegen
sind und welche uns die Orientierung über den Grad der Muskel-
zusammenziehung bei der willkürlichen Bewegung ermöglichen. Die
Feinheit dieses Kraftsinnes ist eine sehr beträchtliche. Die relative
Unterschiedsempfindlichkeit des Kraftsinnes steht zahlenmäßig allen
anderen Sinnesorganen weit voran.

Vom sinnesphysiologischen Standpunkt aus hat FRIEDLÄNDER[3])
den Eindruck der Schwere eingehender analysiert. Er findet, daß die
Kraftempfindungen und Druckempfindungen das subjektive Korrelat
der Schwerewahrnehmung sind. Er spricht von Objektivierung der
Empfindungen und scheint der Ansicht zu sein, daß diese Objektivierung
gegenüber der Empfindung sekundär sei. Aber es kann lediglich bald
diese, bald jene Seite des Erlebnisses stärker beachtet werden. Die
Objektivierung wird durch die Einstellung nicht geschaffen, sondern
nur gefaßt und gestaltet — FRIEDLÄNDER hat hiefür sehr viele Einzelheiten beigebracht. FRIEDLÄNDER sieht eine zweite notwendige Bedingung
der Objektivierung darin, „daß bereits eine gehäufte Zahl gleichartiger
Wahrnehmungen vorhergegangen ist, bei denen die Aufmerksamkeit
eine gleiche Richtung auf Gegenstände hatte". Nach FRIEDLÄNDER
erfüllt die Schwere die Gegenstände und er betont die Mitwirkung der
Erfahrung. Im Grunde heißt das, daß alles, was ich von einem Gegenstande auch optisch und akustisch wahrnehme, für dessen Schwere-
eindruck nicht ohne Belang ist.

Nun ergibt eine unvoreingenommene Betrachtung, daß offenbar
der Eindruck der Schwere und Masse nicht nur an ein passives Erleben
geknüpft ist, sondern irgendwie an das eigene Tun. Es kann hier an
die bekannten Untersuchungen von MÜLLER und SCHUMANN über
die Gewichtsschätzungen erinnert werden (vgl. hier auch PANZEL[4]).
Nun sind wir ja überhaupt in den letzten Jahren von der Anschauung

---

[1]) Zur Frage der tiefen Druckempfindungen. Dtsch. Zeitschr. f. Nervenheilk., Bd. 93. 1926. (Daselbst Literatur.)

[2]) FREY: Über das Vergleichen von Gewichten mit Hilfe des Kraftsinnes.
Zeitschr. f. Biol., Bd. 65. 1915.

[3]) Die Wahrnehmung der Schwere. Zeitschr. f. Psychol. u. Physiol.
der Sinnesorgane, Bd. 83. 1920.

[4]) Untersuchungen über das Vergleichen von Gewichten bei Gesunden
und Kranken. Dtsch. Zeitschr. f. Nervenheilk., Bd. 87. 1925. (Daselbst
Literatur.)

abgekommen, Sinneseindrücke würden nur passiv eingeprägt. Ein aktives, ja man kann sagen, ein motorisches Element ist in jeder Sinnes-wahrnehmung enthalten. Aufmerksamkeitseinstellungen sind ohne motorische Elemente gar nicht denkbar. Es ist auch sehr fraglich, ob überhaupt mehr als dumpfe Allgemeineindrücke ohne die Mithilfe der Muskulatur denkbar seien. JAENSCH[1]) hat die Bedeutung der Augen-bewegungen für den Tiefeneindruck nachgewiesen. Auch Größe- und Farbeindrücke von Flächen sind nach ihm durch motorische Elemente mitbestimmt. Auf psychopathologischem Gebiete hat PÖTZL[2]) auf diesen Zusammenhang wiederholt hingewiesen. Wahrscheinlich hat jede Sinneswahrnehmung eine ihr zugehörige Motilität, ohne welche sie ihren Sinn verliert. Empfindlichkeit und Bewegung sind auf das allerengste zusammengeschweißt. Man kann ganz allgemein sagen, daß die Empfindung aufhört, irgend etwas zu bedeuten, wenn sie nicht mit Bewegung beantwortet wird. Die Bewegung vervollständigt die Empfindung, fügt ihr neue Empfindungen hinzu, welche neuerdings Bewegungen mit sich führen. Nur so kommt es zu Wahrnehmungen der Dinge und des eigenen Körpers. Wahrnehmung und Handlung oder — wie man weniger richtig zu sagen pflegt — Reizaufnahme und Reizbeantwortung gehören zum Wesen des Lebendigen. Nun ist zweifellos schon bei den primitivsten Organismen eine Empfindlichkeit vorhanden. Im wesentlichsten hat nur eine Empfindlichkeit Sinn, welche das Zu-sammentreffen mit der Außenwelt anzeigt. Wir haben guten Grund, aus der stammesgeschichtlichen Entwicklung zu schließen, daß die allgemeine Oberflächensensibilität die grundlegende sei, und daß sich aus ihr erst allmählich die besonderen Sinnesqualitäten heraus-differenzieren. Wenn auch die Stammbäume, welche uns die Entwicklungs-theoretiker darbieten, reichlich unsicher sind, so kann doch nicht be-zweifelt werden, daß erst spät Gleichgewichtsorgane, Augen, Hörorgane, hervortreten. Die Entwicklung der Bewegungsorgane ist gleichfalls unzweifelhaft, hat aber für unsere Fragestellung kein Interesse. Allgemeine Hautsensibilität und Bewegungssensibilität können daher als die primi-tivsten Formen des Empfindens gelten. Das Bewußtsein der besonderen Verläßlichkeit dieser Eindrücke hängt offenbar mit der Fundierung in phylogenetisch alten Eindrücken zusammen[3]).

[1]) Die Wahrnehmung des Raumes. Ergänzungsband 6 der Zeitschr. f. Physiol. u. Psychol. der Sinne. Leipzig. 1911.

[2]) Experimentell erzeugte Traumbilder. Zeitschr. f. d. ges. Neurol. u. Psychiatrie, Bd. 37. 1917.

[3]) Man vergesse nicht, daß die Elektrizität durch VOLTA als Bewegung von Froschschenkeln entdeckt wurde. Außer den ponderomotorischen Wirkungen vermittelt die Elektrizität sehr eigenartige Hautsensationen; ihr Gegenstand erscheint reichlich unbestimmt. Solche Erlebnisse mit un-bestimmten Gegenständen gehören sehr primitiven Erlebnisschichten an,

Die Kraft

Der physikalische Begriff der Kraft meint zunächst etwas von der Masse Unabhängiges. Ja etwas, das außerhalb der Gegenstände gelegen ist. Denn eine Kraft ist grundsätzlich nicht wahrnehmbar. Nur ihre Wirkung wird sichtbar. Sie wird gemessen an der Beschleunigung, welche sie einer bestimmten Masse erteilt. Jene Kraft gilt als die größere, welche der gleichen Masse die größere Beschleunigung, oder der größeren Masse die gleiche Beschleunigung erteilt. Die physikalischen Formeln im einzelnen sind für uns bedeutungslos. Wesentlich ist, daß das Maß der Masse letzten Endes doch nur in der aufgewendeten Muskelkraft gelegen ist und daß der Kraftbegriff ohne den Massenbegriff sinnlos ist. Der Begriff der Masse ist — wie ich oben dargelegt habe — von Sinneseindrücken taktiler, optischer und kinästhetischer Art abstrahiert. Für den Begriff der Kraft sind zwar die kinästhetischen Eindrücke die wesentlichsten, doch werden wohl auch Tasteindrücke — im weitesten Sinne — für diese Begriffsbildung von Bedeutung sein.

Wenn wir sagen, daß die Schwerkraft bewirke, daß der losgelassene Stein zur Erde falle, so scheint dieser Annahme lediglich die Erfahrung zugrunde zu liegen, daß sich der Stein zur Erde hinbewegt. Daß eine Kraft hier walte, scheint eine Zutat des wahrnehmenden Individuums zu sein. Allerdings würde der Versuch, das Fallen des Steines aufzuhalten, wieder mit irgendwelchen Empfindungen, Wahrnehmungen verbunden sein. Er würde etwa dem vorgehaltenen Beine Schmerz und Erschütterung mitteilen. Immerhin scheint es zunächst ein primitiver Schluß zu sein, daß ich etwas Aktives in den Stein hineinverlege oder zu ihm hinzufüge: Der Stein tut etwas, wie ich selbst etwas tue. Er handelt wie eine Persönlichkeit, er ist belebt, und das Geschehen wird gleichsam willens- und triebmäßig aufgefaßt. Kurz, man könnte meinen, der Begriff der Kraft sei eine Projektion eigener Willensvorgänge in die leblose Natur. Eine Auffassung, die in der Tat weit verbreitet ist. Projiziert würde also in diesem Falle das triebhafte Streben, wenn nicht gar der Willensvorgang. Das naive Denken sieht weder eine Schwierigkeit, die Kraft in den Stein zu verlegen, noch auch, sie in der Erde anzusetzen. Ja man könnte sie auch zwischen die Gegenstände verlegen. In jedem dieser drei Fälle würde aber immer ein Wollendes, also doch wohl etwas Persönlichkeitsähnliches bald in diesen, bald in jenen Gegenstand verlegt werden. Gerade diese Willkür, welche in bezug auf den angenommenen

---

und man wird vermuten dürfen, daß der sinnliche Erlebnisbestand dessen, was die Physik als Elektrizität bezeichnet, mit solchen primitiven Schichten zusammenhängt. Hieher gehört es, daß der Paranoiker so häufig über „elektrische" Verfolgungen klagt. Bei ihm können wir häufig analysierend erfahren, daß er damit primitive, stark mit Sexualität durchsetzte Erlebnisse meint.

Ausgangspunkt der wirkenden Kraft möglich ist, zeigt klarer als alles andere, daß wir Kräfte nicht ebenso wahrnehmen wie Dinge. Man möchte meinen, Kräfte seien wahrnehmungstranszendent, lägen jenseits der Wahrnehmung.

Aber überlegen wir uns diese Annahme, so ist zunächst einmal auffällig, daß die Weltanschauungen der Primitiven und der Kinder vom Kraftbegriff einen viel ausgedehnteren Gebrauch machen als wir. Die unbelebte Welt wird von willensähnlichen Kräften durchsetzt gedacht. Der Stein bewegt sich aus seinem Willen, aus seinem Vermögen abwärts, der tötende Pfeil ist mit Zauberkraft begabt, die Sonne bewegt sich durch Zauberwillen. Ähnlich beim Kind, das sogar in dem Tisch, an den es sich stößt, einen Gegenwillen sieht. Der Kraftbegriff ist in jenen frühen Stufen durchaus willensmäßig gedacht. Erst später reinigt er sich von willensmäßigem Zusatz, der Gedanke, daß er lediglich einer Projektion seine Entstehung verdanke, liegt auch hienach außerordentlich nahe.

Daß es solche Projektionen gibt, ist ja durch eine vielfache psychologische Erfahrung gesichert, daß besonders leicht die eigene Willensregung in den anderen hinausverlegt wird, unterliegt gleichfalls keinem Zweifel.

Aber erinnern wir uns daran, daß ja die Wahrnehmung vielfach auch als Projektion der Empfindung aufgefaßt wird, eine Annahme, welche ich oben auf das entschiedenste zurückgewiesen habe. Haben wir das Recht, uns über jenes unmittelbare Erlebnis, auch draußen wirke etwas, hinwegzusetzen? Woher wissen wir, daß das Erlebnis wirkender Gegenstand weniger ursprünglich ist als das Erlebnis Gegenstand? Hier ist darauf aufmerksam zu machen, daß wir auch von den fremden Persönlichkeiten nichts Unmittelbares wahrzunehmen scheinen. Gleichwohl ist die unmittelbare Gewißheit des Du von vornherein gegeben, nur daß sie durch Projektion fortwährenden Änderungen unterliegt. Es gibt also im fremden Du etwas unmittelbar Wirkendes außer uns. Mag sein, daß die Art der Wahrnehmung des Du eine andere sei als die Art der Wahrnehmung des blauen, runden, harten Dinges. Aber es ist eine unmittelbare Wahrnehmung (Scheler[1]). Der projektive Vorgang mag auch einen größeren Einfluß auf die endgültige Zeichnung des Du haben. Aber ebenso, wie es eine Gewißheit des Objektes vor aller Projektion gibt, ebenso wie die Projektion den Besitzstand zwischen Subjekt und Objekt regelt, aber das Objekt nicht schafft, ebenso gibt es ein fremdes Du vor aller Projektion, welche wiederum nicht die Existenz, sondern nur die feineren Züge des Du bestimmt. Kann nicht diese

---

[1] Zur Phänomenologie und Theorie der Sympathiegefühle und von Liebe und Haß. Halle: Niemeyer. 1913.

Erwägung auf die Wahrnehmung der Kraft ausgedehnt werden? Gibt es vielleicht doch eine unmittelbare Kraftwahrnehmung, nur daß wiederum die Art dieser Wahrnehmung anders ist als die Wahrnehmung von Dingen? Man kann diese Erwägung von einem anderen Gesichtspunkt aus zu stützen trachten. Wir sprechen in solchen Erörterungen meist von Gegenständen schlechthin und denken hiebei an ruhende Gegenstände. Der ruhende Gegenstand wird auch in der Sinnesphysiologie zum Ausgangspunkt der Betrachtung genommen. Die Bewegung wird als sekundär angesehen, sie bedarf noch besonderer Erklärung. Vom Standpunkte der Wahrnehmungslehre aus muß man jedoch sagen, daß wahrscheinlich das primitive Wahrnehmungserlebnis bewegt ist. Für die Wahrnehmungsphysiologie ist die Frage besser so zu formulieren: „Wann sehen wir einen Gegenstand ruhig?" als zu formulieren: „Wann sehen wir einen Gegenstand bewegt?" Untersuchungen von H. HARTMANN[1] und mir[2] machen es wahrscheinlich, daß primitives optisches Erleben bewegt ist. Untersuchungen an Tabeskranken und Untersuchungen BENUSSIS[3] machen es sehr wahrscheinlich, daß das gleiche von taktilen Eindrücken gilt (vgl. hiezu STENGEL[4]). Allerdings ist zuzugeben, daß gerade jene primitiven Bewegungserlebnisse an der Grenze zwischen Subjekt und Objekt stehen, und daß die Zuteilung hier eine besonders schwankende ist. Gleichwohl auch Bewegung ist etwas unmittelbar Wahrgenommenes, nichts Projiziertes. Und sollte Bewegung nicht auch erlebt werden als Geschehen, als Bewirktsein und als Wirkung?

Letzten Endes führen diese Ausführungen dahin, die Frage aufzuwerfen, ob nicht in der Weltanschauung des Kindes und des Primitiven eine Teilansicht der Welt gegeben sei, die nicht als falsch bezeichnet werden kann, obwohl sie der physikalischen Betrachtungsweise insofern zuwiderläuft, als sie sich nicht mit der Annahme von Kräften begnügt, sondern diese Kräfte als willensmäßig ansieht. Die Physik entkleidet die Kräfte zunächst des psychologischen Beiwerks. Bei NEWTON reichen sich die Fernkräfte, die auf der Wechselbeziehung zweier Körper beruhen, über einen Abgrund hinüber die Hände (vgl. WEYL[5]). In der FARADAY-MAXWELLschen Physik tritt an die Stelle der Fernkraft das Feld, die Nahewirkung, welche aber nicht von der

---

[1] Halluzinierte Flächenfarben. Monatschr. f. Neurol. u. Psychiatrie, Bd. 54. 1924.

[2] Bewegte Halluzinationen. Zeitschr. f. d. ges. Neurol. u. Psychiatrie, Bd. 53. 1922.

[3] Kinematohaptische Auffassungsformung. VI. Kongreß f. experimentelle Psychol. Göttingen. 1914, u. Versuche zur Analyse taktil erweckter Scheinbewegungen. Arch. f. Psychol., Bd. 36. 1916.

[4] Taktile Bewegungs- und Scheinbewegungswahrnehmung. Dtsch. Zeitschr. f. Nervenheilk., Bd. 99. 1927.

[5] Was ist Materie? Berlin: Julius Springer. 1924.

Gegenwart des zweiten Körpers abhängig ist. Die Unabhängigkeit des Feldes vom Willensmäßigen tritt klar und deutlich hervor. An die Stelle der Physik des Stoßes tritt eine Physik des Magnetismus und der Elektrizität. Aber das Feld wird nach seinen ponderomotorischen Wirkungen auf einen Probekörper bestimmt. Auch das Feld muß wahrnehmbar werden, und Bewegung und Gewicht führen wieder zu den primitiven sinnlichen Erlebnissen, von denen wir sprachen.

Fügen wir erläuternd hinzu: Der Begriff der Kraft hat mit dem Begriff der Ursache nichts zu schaffen, Ursache ist jenes Ereignis, welches einem anderen gesetzmäßig vorausgeht. Schwerkraft ist nicht die „Ursache", daß der losgelassene Stein zu Boden fällt. Die Ursache des Falles ist das Loslassen des Steines (bzw. das Wegziehen der Unterlage). Die Ursachen sind also in dem gleichen Sinn in der Wahrnehmung gegeben wie eben die Wahrnehmung selbst und sind nicht wahrnehmungstranszendent in dem Sinn, wie ich das für die Kraft ausgeführt habe. Freilich liegt dem naiven Ursachenbegriff die Ahnung zugrunde, das Ereignis, auf welches das andere gesetzmäßig folgt, ziehe durch eine geheimnisvolle Kraft das andere nach sich, und der Begriff der gesetzmäßigen Folge verschmilzt wiederum mit dem Begriff von Wirkungen, welche immer wieder dem Willen analog gedacht werden. Auch hier gibt uns die Sprache einen Hinweis: Gesetze beruhen letzten Endes immer wieder auf dem menschlichen Wollen und der menschlichen Wertsetzung, und der Ausdruck Naturgesetz und gesetzmäßige Folge weist wiederum auf die geheimnisvolle Kraft des menschlichen Wollens hin, das sich nach Wertsetzungen orientiert.

Man sieht, Ursache ist in einem ganz anderen und viel unmittelbareren Sinn in der Wahrnehmung gegeben als die Kraft. Gleichwohl haben wir nicht das Recht, die Kraft aus dem natürlichen Weltbilde auszuschalten. Wir müssen auch in der Natur Lebendiges und Wirkendes sehen und eben auf dieses weist der Kraftbegriff. Er versucht ja nicht, dem Sein näherzukommen, sondern dem Geschehen.

Energie

Nun spielt in den neueren physikalischen Erörterungen der Begriff der Kraft eine viel geringere Rolle als der Begriff Energie. Der physikalische Energiebegriff bedeutet die von einer Kraft in einer bestimmten Zeit geleistete Arbeit, bestehe diese nun in einer räumlichen Verschiebung der Massen, in einer Änderung des Aggregatzustandes oder dergleichen mehr.

Die Physik betont, daß eine frei bewegliche Masse durch die Wirkung der Kraft Eigenschaften bekomme, die ihr in der Ruhe fehlen. Sie kann mechanische Arbeit leisten. Die Arbeitsfähigkeit ist bestimmt durch die Größe m und v. Ist k die ursprüngliche Kraft, welche der Masse m

die Beschleunigung γ erteilte, so ist $k = m\,\gamma$ und die erzeugte
Bewegung eine gleichförmig beschleunigte. Die Arbeit, welche in
der Zeit t von der Kraft geleistet wird, ist $a = m\,s\,\gamma$, wobei s den in
der Zeit t zurückgelegten Weg bedeutet. Man kommt so leicht zu der
bekannten Formel für die geleistete Arbeit $\dfrac{m}{2}\,v^2$. Dieser Arbeitsvorrat
unterscheidet also die bewegte Masse von der ruhenden und ist das
Äquivalent der von der Kraft geleisteten Arbeit. Wir bezeichnen diese
Größe als die lebendige Kraft (nach EXNER[1]).

Man sieht sofort, daß der Begriff der Energie schon seiner physikalischen Ableitung nach vom Begriff der Masse schwer trennbar ist.
Man wird diesen Punkt aber vom erkenntnistheoretischen Standpunkt
aus noch stärker unterstreichen. Eine Energie ist ein absolut sinnloser
Begriff, wenn sie sich nicht an Gegenständen, also an Massen äußert.
Ebenso wie der Begriff der Kraft sinnlos ist, wenn nicht die Kraft sich
gegen einen Gegenstand auswirkt. Wenn also die moderne Physik
zu dem Resultat kommt, alle Masse ließe sich auf Energien reduzieren,
alle Masse sei im Grunde nur scheinbare Masse, so ist diese Rede sinnlos,
denn definitionsgemäß kann die Energie immer wieder nur als Geschehnis
an Massen aufgefaßt werden. Es ist nur die Verschwommenheit des
physikalischen Energiebegriffes, welche diesen Sachverhalt verschleiert.

Aber betrachten wir die physikalischen Grundlagen, auf die
sich die Gleichsetzung der wirklichen mit der scheinbaren Masse
stützt. Eine mit Elektrizität geladene Kugel (ein Massenpunkt) erzeugt,
wenn sie bewegt wird, einen Konvektionsstrom in ihrer Umgebung,
welcher bewirkt, daß bei dem Versuch, die Kugel aus ihrer Lage zu
bringen, nicht nur die Trägheit der Kugel zu überwinden ist, sondern
auch der Widerstand des elektrischen Feldes. Zur wirklichen hat sich
eine scheinbare Masse hinzugesellt. Die Kathodenstrahlen, welche bekanntlich aus negativ geladenen Elektronen bestehen, zeigen nun in
der Tat eine Änderung ihrer Masse je nach der Geschwindigkeit. Von
physikalischen Gesichtspunkten aus ist es naheliegend anzunehmen,
daß die Masse überhaupt sich als scheinbare Masse auffassen lasse.
Auch die Relativitätstheorie kommt zu dem Resultat, daß die Masse
verständlich sei als Energiesammlung. Ja sie gibt sogar Zahlen an,
welche die in der Masse enthaltenen Energien angeben. Auch die Untersuchung der radioaktiven Substanzen ergibt Hiehergehöriges. Die
α-Strahlen der radioaktiven Substanzen bestehen aus positiv geladenen
Heliumatomen. Die β-Strahlen aus negativen Elektronen. Die γ-Strahlen
entsprechen in ihrem Aufbau im wesentlichen den Röntgenstrahlen.
Es erscheinen hier also negative Elektronen unmittelbar als Bestand-

---

[1] l. c.

teile des Atoms und die Atomtheorie ist, besonders seit Bohr[1]), mit Erfolg bestrebt, das Atom aufzulösen in einen positiv geladenen Atomkern, um welchen Elektronen in verschiedenen Bahnen kreisen. Dann würde von der Materie nichts übrig bleiben als Elektronen, welche ja nicht Masse schlechthin sind, sondern ein bestimmtes Quantum elektrischer Energien.

Einsteinsche Rechnungen führen ganz ähnlich zu der Erwägung, daß die träge Masse eines Körpersystems geradezu als Maß für seine Energie angesehen werden könne. mc^2 ist nach Einstein die Energiemenge, welche jedem Körper zu eigen ist, wenn m die Massenkonstante und c die Lichtgeschwindigkeit darstellt.

Aber wie erwähnt — vom erkenntnistheoretischen Gesichtspunkte aus —, ist es völlig undenkbar, daß ein Geschehen da sei, das nicht ein Geschehen an Gegenständen sei, und wir können in der Auflösung der Masse in Energien nichts anderes sehen als eine rein physikalische Redewendung, welcher keinerlei erkenntnistheoretische Bedeutung zukommt. Der nachfolgende Passus aus einer Broschüre von Graetz[2]) ist als mißverständlich abzulehnen.

„Die Masse erscheint dem Kind und erscheint uns als das Deutlichste und erste, was wir von den Körpern der Natur wissen. Und dieses Deutlichste und erste erklären wir uns als einen Schein. Nicht daß wir die Wirkung der Masse leugnen, wie sie das Kind an der Tischkante erfährt, oder wie sie der Soldat, der von einem Schrapnell getroffen wird, erfährt. Aber wir erklären, daß diese Wirkung nicht herrührt von einem besonderen Etwas, das wir als Masse bezeichnen, sondern daß sie nur herrührt von den Ladungen, die der Kern des Atoms trägt, daß diese Masse also nichts ist als eine Folge der Ladung, daß sie also nicht das erste, an sich Einleuchtende, für sich Bestehende ist, sondern daß sie ein zweites, ein aus der Ladung Folgendes, ein ohne diese Ladung nicht Bestehendes ist. Wir leugnen mit einem Wort, daß die Masse etwas Primäres, den Körper Innewohnendes ist, wir erklären vielmehr die elektrischen Ladungen als das Primäre und die Masse nur als eine Folge dieser Ladungen. Wer jemals wissenschaftlich oder technisch Mechanik studiert hat, dem wird gleich zu Anfang seines Studiums die Masse der Körper als etwas aus der Erfahrung Gewonnenes hingestellt, das man nicht näher definieren kann, noch will, sondern das etwas Gegebenes ist. Dieses schlechthin Gegebene leugnen wir jetzt, wir führen es zurück auf ein anderes, auf die elektrische Ladung, von der zur Zeit, als die Mechanik schon in der höchsten Blüte stand

---

[1]) Über den Bau der Atome. Berlin: Julius Springer. 1924.
[2]) Die Atomlehre in ihrer neuesten Entwickelung. Stuttgart: Engelhorn. 1922.

und bis zur Vollkommenheit entwickelt war, noch niemand ahnen konnte, daß sie schließlich die Ursache der Masse ist."

Die Schwierigkeit, welche in dem physikalischen Energiebegriff liegt, die Tendenz, welche in ihm ausgedrückt ist, Masse und Kraft in eins verschmelzen zu lassen, hat letzten Endes eine tiefe psychologische Begründung. Es gehört zum wesentlichen Bestand der psychischen Struktur, daß Gegenstand etwas ist, an dem man handelt, und das dem Handeln Widerstand entgegensetzt, während anderseits Tun, Handeln sinnlos wird, wenn nicht Handlung an etwas vollzogen wird. Der physikalische Energiebegriff spiegelt diesen Sachverhalt.

PLANCK[1]) sagt anläßlich einer Erörterung über den Kraftbegriff: „Die physikalische Gesetzlichkeit richtet sich eben nicht nach den entsprechenden Sinnesorganen und dem ihnen entsprechenden Anschauungsvermögen, sondern nach den Dingen selbst." Aber wie kommen wir zu den Dingen selbst?

Actio in distans, Kontinuität und Diskontinuität

Fernkräfte erschienen der früheren Physik als selbstverständlich. Die NEWTONsche Physik kennt noch eine Fernkraft, welche ohne die Vermittlung eines zwischengeschalteten Mediums wirkt. Die MAXWELL-FARADAYsche Elektrizitätslehre setzt an die Stelle der Fernwirkung das magnet-elektrische Feld. In jedem Punkte des Feldes ist eine bestimmte Feldveränderung, welche den benachbarten Punkt induziert. Der bekannte primitive Versuch: Eisenfeilspäne, welche durch einen Magneten auf einem Papierblatt geordnet werden, gibt ein anschauliches Bild dieser Hypothese. EINSTEIN[2]) stellt auch die Gravitation als Nahewirkung dar, so daß die moderne Physik jedenfalls dahin tendiert, die Fernwirkung aus ihrer Betrachtungsweise zu eliminieren.

Die moderne Feldtheorie kennt kein materielles Agens, welches das Feld erzeugt, sondern dieses ist seiner Eigengesetzlichkeit folgend in einem kontinuierlichen Fließen begriffen. Es ruht ganz und gar im Kontinuum. Auch die Atomkerne und Elektronen sind keine letzten unveränderlichen, von den angreifenden Naturkräften hin- und hergeschobenen Elemente, sondern selber stetig ausgebreitet und feinen fließenden Veränderungen unterworfen (nach WEYL[3]).

Aber Feldwirkungen pflanzen sich mit Lichtgeschwindigkeit fort. Ist das nicht auch eine actio in distans. Und wenn der Atomkern und

---

[1]) Physikalische Gesetzlichkeit im Lichte neuerer Forschung. Naturwissenschaften, Bd. 14, H. 13. 1926.

[2]) Über die spezielle und allgemeine Relativitätstheorie. 5. Aufl. Braunschweig: Vieweg. 1920.

[3]) Was ist Materie? Berlin: Julius Springer. 1924, u. Philosophie der Mathematik und Naturwissenschaft. Handbuch der Philosophie.

das Elektron nur eine besondere Form der Feldenergie ist und das Feld ebenso wie ein materieller Körper eine träge Masse hat, so werden wir an primitive Anschauungen gemahnt, daß Wirkung in die Ferne dadurch zustande komme, daß sich Wesensgleiches vom Wirkenden zum Orte und Gegenstand der Wirkung hinbewegt. Aber eine derartige Auffassung hat auch mit all den Schwierigkeiten zu kämpfen, welche die Gleichsetzung von Energie und Materie trifft. Freilich ist die ursprüngliche Idee[1]) der Fernwirkung die, daß die Fernwirkung eine momentane sei.

Aber im Grunde hat das Actio-in-distans-Problem mit Feldtheorien nichts zu tun, es hat in engerer Bedeutung nur in bezug auf eine mechanische Betrachtung, in bezug auf Stoß, einen Sinn. Aber auch hier führt die Betrachtung auf Schwierigkeiten, welche durch einen Passus aus LOTZE[2]) veranschaulicht seien. „Wir haben stillschweigend vorausgesetzt, der Begriff einer fernwirkenden Kraft sei möglich. Wenn man dem gegenüber geltend macht, ein Ding könne nur da wirken, wo es ist, so sagt man damit keineswegs etwas Selbstverständliches, denn wir haben gesehen, daß es eben nicht begreiflich ist, wie in der Berührung zweier Elemente die Bewegung des einen auf das andere übergehen müsse; nur deswegen, weil alle im gewöhnlichen Leben von uns selbst zu erzeugenden Bewegungen an diese Bedingung der Berührung gebunden sind, ist es uns eine familiäre Vorstellung, daß Berührung zur Wirkung nötig sei. Es läßt sich aber leicht zeigen, daß umgekehrt Kräfte sich berührender Elemente keine Bewegungen erzeugen können. Wirkliche Berührung z. B. zweier Kugeln bedeutet, daß ein Punkt des einen Elementes an denselben Raumpunkt sei mit einem Punkt des anderen. Nun können diese zwei zusammenfallenden Massenpunkte immerhin die intensivste Anziehung miteinander haben, aber eine Bewegung kann daraus nicht folgen. Sie können im ersten Fall nicht nochmals ineinander hineinkriechen und im zweiten nicht voneinander loskommen, da keine Richtung, nach der sie sich trennen könnten, einen Vorzug vor allen anderen Richtungen hat. Wenn die beiden Kugeln sich gleichwohl einander noch weiter nähern und einander platt drücken, so geschieht das lediglich durch die Attraktion der Teile, die einander noch nicht berühren und zwischen denen also die Zwischendistanz die Richtung vorschreibt, in welcher die Attraktion zu wirken hat.

Folglich behaupten wir allgemein: „Kräfte, die eine neue Bewegung erzeugen sollen, können nicht in der Berührung, sondern müssen aus der Ferne wirken.‟

---

[1]) Vgl. hiezu auch DINGLER: Der Zusammenbruch der Wissenschaft. München: Reinhardt. 1926.

[2]) Grundzüge der Naturphilosophie von HERMANN LOTZE, Diktate aus dem Wintersemester 74/75.

Das Problem Nahe- oder Fernwirkung ist aber eng verschlungen mit dem Problem der Kontinuität und Diskontinuität. Durch die Quantentheorie Plancks taucht dieses Problem in neuer Fassung auf.

Die Plancksche Quantentheorie wendet sich gegen die Annahme von lediglich kontinuierlichen Übergängen. Ich könnte den Gegensatz nicht besser charakterisieren, als durch Ausführungen Plancks selbst:[1]) „Denken wir uns zwei dünne Strahlenbüschel violetten Lichtes, welches dadurch erzeugt wird, daß man einer punktförmigen Lichtquelle einen undurchsichtigen Schirm mit zwei kleinen Löchern gegenüberstellt. Wenn die aus den beiden Löchern austretenden Strahlenbündel mittels geeigneter Spiegelung so gelenkt werden, daß sie auf einer fernen weißen Wand zusammentreffen, so erscheint der von ihnen gemeinsam auf der Wand erzeugte Lichtfleck nicht gleichmäßig hell, sondern von dunklen Streifen durchzogen. Das ist die eine Tatsache. Die andere ist die, daß ein lichtempfindliches Metall, welches einem dieser Strahlenbündel in den Weg gestellt wird, fortwährend Elektronen mit einer ganz bestimmten, von der Lichtstärke unabhängigen Geschwindigkeit von sich schleudert.

Läßt man nun die Intensität der Lichtquelle immer schwächer werden, so bleibt nach allen bisherigen Erfahrungen in dem ersten Falle das Streifenbild völlig ungeändert, nur die Beleuchtungsstärke nimmt entsprechend ab. In dem anderen Falle bleibt aber auch die Geschwindigkeit der ausgeschleuderten Elektronen völlig ungeändert, nur findet das Ausschleudern weniger häufig statt.

Wie trägt nun die Theorie diesen beiden Tatsachen Rechnung? Die erste wird von der klassischen Theorie vortrefflich dadurch erklärt, daß in jedem Punkt der weißen Wand, welcher von beiden Strahlenbündeln gleichzeitig beleuchtet wird, die beiden dort zusammentreffenden Strahlen sich je nach dem Gangunterschied der entsprechenden Lichtquellen entweder schwächen oder verstärken. Die zweite Tatsache wird ebenso vortrefflich von der Quantentheorie dadurch erklärt, daß die Strahlenenergie nicht im kontinuierlichen Flusse, sondern stoßweise in bestimmten mehr oder weniger zahlreichen gleichen, unteilbaren Quanten auf das lichtempfindliche Metall trifft und daß je ein auffallendes Quant ein Elektron aus dem Metallverband reißt. Dagegen sind bis jetzt alle Versuche gescheitert, entweder die Interferenzstreifen durch die Quantentheorie oder den photoelektrischen Effekt durch die klassische Theorie zu erklären. Denn wenn die Strahlungsenergie wirklich nur in unteilbaren Quanten fliegt, so kann ein von der Lichtquelle emittiertes Quant nur entweder durch das eine oder durch das

---

[1]) Physikalische Gesetzlichkeiten im Lichte neuerer Forschung. Die Naturwissenschaften, Bd. 14, H. 13. 1926.

andere Loch des undurchsichtigen Schirmes fliegen, es können also bei hinreichend geringer Lichtstärke unmöglich zwei verschiedene Strahlen gleichzeitig auf einen Punkt der weißen Wand zusammentreffen und dann ist eine Interferenz ausgeschlossen. In der Tat verschwinden die Streifen stets vollständig, wenn man einen der beiden Strahlen ganz abblendet.

Wenn sich aber anderseits die von einer punktförmigen Lichtquelle emittierte Strahlungsenergie nach allen Richtungen kontinuierlich über immer größere Räume ausbreitet, so muß sie eine entsprechende Verdünnung erleiden, und es ist nicht einzusehen, wie eine sehr schwache Bestrahlung einem Elektron eine ebenso große Austrittsgeschwindigkeit erteilen kann wie eine sehr starke. Natürlich sind die verschiedensten Versuche gemacht worden, um diese Schwierigkeiten zu beheben. Der nächstliegende ist wohl der, anzunehmen, daß die Energie der ausgeschleuderten Elektronen gar nicht der auffallenden Strahlung entnommen wird, sondern dem Innern des Metalles entstammt, so daß die Strahlung nur gewissermaßen eine auslösende Wirkung auf das Metall ausübt, wie ein Funke auf ein Pulverfaß. Es ist aber nicht gelungen, die wirksame Energiequelle nachzuweisen oder auch nur plausibel zu machen. Nach einer anderen Annahme soll die Bewegungsenergie der Elektronen zwar der auffallenden Strahlung entstammen, aber die Wirkung soll immer erst dann eintreten, wenn die Bestrahlung so lange gedauert hat, bis die zur Erzeugung einer bestimmten Geschwindigkeit erforderliche Energie vollständig beisammen ist. Das würde aber unter Umständen Minuten und Stunden in Anspruch nehmen, während tatsächlich die Wirkung häufig sehr viel früher eintritt."

Aber ist dieses stoßweise hervorkommende Quant nicht wiederum actio in distans? Wenn man auch sagen muß, daß sich hier im Grunde etwas von dem Gegenstande loslöst und nun Wirkungen entfaltet. Und kann nun nicht dieses Quant auf der anderen Seite als Kraft angesehen werden, welche von dem Gegenstand ausstrahlt? Man sieht also, daß jene frühere Problemstellung nicht überwunden ist. Immer wieder verschmilzt das Wirkende und das Seiende, beide erscheinen immer wieder nur als Teilstücke des einen Lebendigen, das ist und wirkt.

Aber die Problematik muß hier noch um ein Stück weiter verfolgt werden. Bohr[1]) hat gezeigt, daß die klassische Mechanik und Elektrodynamik nicht imstande sind, unser Wissen vom Atom, insbesondere mit dem Wissen von den Spektren der Elemente, sinngemäß aufzuklären. Durch die Entdeckungen Rutherfords erwies sich der Träger des größeren Teiles der Masse des Atoms als ein positiv geladener Kern, dessen Dimensionen außerordentlich klein gegenüber den Dimensionen

---

[1]) Atomtheorie und Mechanik. Naturwissenschaften, Bd. 14, H. 1. 1926.

des ganzen Atoms sind. Um den Kern bewegen sich eine Anzahl von leichteren negativ geladenen Elektronen; wiewohl das Problem des Atombaues in dieser Weise eine weitgehende Ähnlichkeit mit den Problemen der Himmelsmechanik erhielt, so zeigte das Atom eine Stabilität, die einen der mechanischen Theorie durchaus fremdartigen Zug darstellt. So lassen die mechanischen Gesetze eine kontinuierliche Variation der möglichen Bewegungen zu, die mit der Bestimmtheit der Eigenschaften der Elemente und mit ihren Linienspektren durchaus unverträglich ist. Ein Atomsystem besitzt eine gewisse Mannigfaltigkeit von „stationären Zuständen", welchen im allgemeinen eine diskrete Reihe von Energiewerten entspricht und welche eine eigentümliche Stabilität besitzen, die darin zum Ausdrucke kommt, daß jede Änderung der Energie des Atoms in einer Überführung des Atoms von einem stationären Zustand zu einem anderen bestehen muß.

Diese Rückkehr zur Arithmetik zu den ganzzahligen Schritten, welche sich auch in der Atomenlehre ausprägt und in der Feststellung von Aston gipfelt, daß die Atomgewichte der wahren Elemente, die nicht aus Gemischen von Isotopen bestehen, Vielfache von ganze Zahlen sind, ist philosophisch von äußerster Bedeutsamkeit, sie führt immer wieder zu der Feststellung zurück, daß eine Theorie, welche die Diskontinuität in der Natur vernachlässigt, letzten Endes auch im physikalischen Theorienbereich zu Widersprüchen führt. Der heutigen Physik fehlen bei der Unabgeschlossenheit der Quantentheorie durchaus die Möglichkeiten festzustellen, wie denn das Diskrete und das Ineinanderübergehende, das Kontinuierliche, sich in eines füge. Auch will es mir scheinen, daß die Durchführung der Quantentheorie doch wieder zu den Begriffen der actio in distans führe, denn wie anders soll man sich die Beziehungen zwischen dem positiven Kern des Atoms und den um ihn kreisenden negativen Elektronen denken, welche nach den Gesetzen der klassischen Physik, wie bereits Poincaré hervorgehoben hat, der Fliehkraft folgend, enteilen müßten? Es muß also bindende Kräfte geben, welche jenseits der Feldgesetze der klassischen Physik wirken, welche also nicht an die Kontinuität gebunden sind. Nun legt es Bohr selbst nahe, auf irgendwelche Bilder und Gleichnisse völlig zu verzichten, ein Ausweg, der ja dem Standpunkt des Physikers gerecht werden mag, der aber gleichzeitig einen Verzicht auf naturphilosophische Auswertung physikalischer Resultate gleichkommt und darauf hinweist, wie der eigentliche Gehalt der Physik letzten Endes nur in Rechenmaßmethoden bestehe, die freilich wirksam nicht gewonnen werden können, wenn nicht immer wieder Anschauung helfend eingreift. Die neueste Entwicklung der Physik kehrt allerdings wieder zur Kontinuitätslehre zurück. Schrödinger sucht die Quanten als Interferenzmaxima von Wellenpaketen darzustellen. Die Schrödingerschen Wellen sind aber nicht im dreidimensionalen Raum ausgebreitet, sondern in einem abstrakten Raume, der ebensoviel Dimensionen, wie das System Freiheitsgrade hat, also z. B. für zwei Massenpunkte sechs, für drei Massenpunkte neun Dimensionen. Hier wären also wieder anschauliche Bilder, allerdings unter Zuhilfenahme eines mehr als dreidimensionalen Raumes. JORDAN[1]) und eine Reihe anderer Forscher bestreiten allerdings die Richtigkeit der quasiklassischen Vorstellungen und behaupten, daß sie mit der quantenphysikalischen Erfahrung in Widerspruch stehen. Aber welche Bedeutung haben mehrdimensionale Räume? Nicht vom Standpunkte der Physik, sondern vom Standpunkte der Erkenntnis? Mögen sie sich vom Standpunkte physikalischen Rechnens als unumgänglich nötig erweisen, so kann doch nicht geleugnet werden, daß sie sich der Wahrnehmung grundsätzlich entziehen und nicht Unterlage eines zweckentsprechenden Handelns sind. Ich bin nicht geneigt, ihnen eine tiefere Bedeutung für die Erkenntnis der Welt zuzuweisen. Wir werden diesem Problem später noch begegnen.

Aber sollte die ganze Frage actio in distans auf der einen und Feldwirkung auf der anderen Seite, das Problem Kontinuität und Diskontinuität nicht Widerspiegelung sein eines psychologisch zu fassenden Problems? Daß nach unserer Auffassung die Kraftwirkung das eigene Wollen widerspiegelt, wurde ja bereits ausgeführt. Was geschieht aber, wenn ich eine Handlung durchführe? Immer wieder richtet sich mein Wunsch, mein Gedanke, mein Willensentschluß auf einen Gegenstand. Dieser Gegenstand der Handlung gehört der Außenwelt an, oder ist am eigenen Körper zu suchen, aber selbst dann, wenn der Gegenstand der äußeren Welt angehört, ist am eigenen Körper etwas mitgewollt. Denn es zeigt sich, daß eine Bewegung gar nicht vonstatten gehen kann, wenn ich nicht ein Bild meines Körpers vor mir habe und besonders jener Glieder, welche an der Handlung beteiligt sind (vgl. GOLDSTEIN und meine Ausführungen über das Körperschema[2]). Wir erleben nun keinesfalls das Zentrum unseres Tuns dort, wo wir die Ausführung der Bewegung erleben. Das eigentliche Ich wird bald in diesem, bald in jenem Teile des Körpers erlebt, aber doch irgendwo im Körper innen, und von dort herauswirkend, nicht aber im bewegten Glied. Gleichwohl werden dann doch immer irgendwo die Teile des Körpers in eins verbunden erlebt und das Zentrum, aus dem wir handeln, ist verbunden mit den bewegten Gliedern.

Schon hier wird also gleichzeitig actio in distans und Nahewirkung, Kontinuität und Diskontinuität erlebt! Diese Problematik wiederholt sich, wenn ein Gegenstand mit der Hand ergriffen wird. Trotz der

---

[1]) Die Entwicklung der neuen Quantenmechanik. Naturwissenschaften, Bd. 15, H. 30 u. 31. 1927 (daselbst Literatur).

[2]) Berlin: Julius Springer. 1923 (daselbst Literatur).

Berührung, trotz des unmittelbaren Umschlossenseins bleiben mein Körper und der Gegenstand doch voneinander getrennt. Anders freilich, wenn ich den Gegenstand zum Munde führe und ihn verschlucke. Aber solange er überhaupt noch als Gegenstand wahrgenommen ist, bleibt eine Grenzscheide zwischen mir und ihm bestehen, er ist in mir und doch von mir getrennt, er wirkt notwendigerweise, trotzdem er so eng umschlossen ist, in die Ferne. Auch gegen die eindringende Nadel grenzt sich der Körper psychologisch irgendwie ab, wenn auch hier Körper und Welt einander näher rücken.

Man kann fragen, was ein derartiger Hinweis auf die psychologischen Bedingtheiten und Parallelen des Actio-in-distans- und Diskontinuitätsproblems zu bedeuten habe. Man könnte denken, daß hiemit die Meinung ausgesprochen sei, daß vorgegebene Kategorien des Denkens auf die Wirklichkeit angewendet würden und Kontinuität und die Diskontinuität als nicht zum Ding an sich gehörig entlarvt würden. Ich bin jedoch der Ansicht, daß wir allen Grund haben, die vorgegebenen Formen des Erlebens erkenntnistheoretisch und metaphysisch ernst zu nehmen. Wir erwarten, daß die Problematik der sinnlichen Alltagserfahrung niemals verleugnet werden könne, und erwarten daher, daß diese in der Problemlage der Physik immer wieder auftauchen müsse. Daß niemals auf Grund der physikalischen Empirie eine endgültige Entscheidung fallen könnte gegen Grundlagen der Erkenntnisse der psychologischen Erfahrung. Die große Bedeutung der Quantentheorien liegt darin, daß sie die tiefe Bedeutung des Diskontinuierlichen neuerlich zum Bewußtsein bringt. Ich glaube, daß letzten Endes physikalische Erkenntnis von psychologischer Erkenntnis nicht wegführen kann und daß sie die Probleme der Wahrnehmungslehre zwar bereichert, aber nicht löst.

Hier muß eines bedeutsamen Versuches der Wahrnehmungspsychologie gedacht werden. WERTHEIMER[1]) kam bei der Untersuchung der optischen Bewegungswahrnehmung zu dem Schlusse, daß physiologische Zwischenprozesse, eine Querfunktion, den Eindruck der Bewegung, erweckten. Es handle sich um eine Gestaltwahrnehmung. Diese sei nicht nur auf die Wahrnehmung einzelner Lagen des Objektes gegründet, sondern auf etwas, was eben unmittelbar in Erscheinung trete, wenn der Gegenstand an zwei in entsprechender Beziehung stehenden Orten auftrete. Während MEINONG[2]) und seine Schüler der Ansicht sind, daß die EHRENFELSsche Gestaltqualität auf psychischem Wege produziert werde, also gleichsam eine psychische Leistung darstelle, eine Produktion, lehnt WERTHEIMER und besonders auch KÖHLER[3]) diesen

---

[1]) Experimentelle Studien über das Sehen von Bewegungen. Zeitschr. f. Psychol. u. Physiol. d. Sinnesorgane, Bd. 61. 1912.

[2]) Über Gegenstände höherer Ordnung. Zeitschr. f. Psychol. u. Physiol. d. Sinnesorgane, Bd. 38. 1899.

[3]) Die physischen Gestalten. Erlangen: Verlag der philosoph. Akademie.

Standpunkt ab. Für sie ist Gestalt etwas unmittelbar physiologisch Gegebenes, ja sie neigen zu der Auffassung, das Ganze, die Gestalt sei vor den Teilen gegeben. Köhler sucht die Gestalten nicht nur im seelisch-physiologischen und im physiologischen Geschehen, sondern auch im Geschehen der äußeren Natur und er bemüht sich, im Naturgeschehen und im Geschehen, das die Physik darstellt, Gestalten nachzuweisen, etwa in der Verteilung elektrischer Ladungen auf Leitern. Aber Physik kann nicht darauf verzichten zu fragen, wie denn eine solche Gestalt zustande komme. Für sie kann die Gestalt nichts ursprünglich Gegebenes sein, sie hat nach den einzelnen bindenden und gestaltenden Kräften zu forschen und hat rechnerisch im einzelnen darzustellen, warum die Verteilung der Ladung gerade in dieser Weise stattgefunden habe, sie wird in dem angezogenen Beispiel Köhlers vielleicht auf physikalisch nicht völlig bewältigte Teile der Wirklichkeit stoßen. In der physikalischen Denkungsweise als solcher ist für Gestalten kein Platz. Physik bestrebt sich, die „Gestalt" des Atoms aus den Einzelteilen des Atoms und aus ihren Energieverhältnissen herauszuklären, und kann sich nicht mit der Annahme einer Atomsgestalt begnügen. Wenn wir also in der Natur Gestalten als Bestandteil dieser sehen, denken wir nicht physikalisch. Für die Physik als solche existieren Gestalten nicht. Das besagt im Sinne unserer Ausführungen nicht, daß es solche in der Natur nicht gebe. Auch in der Natur, auch in der unbelebten, gibt es Einheiten, die nicht immer Summe der Teile sind. Aber das, was die Einheit des fremden Organismus ausmacht, ist psychischer Art, oder doch zumindest dem Psychischen verwandt, und vielleicht liegt dieses Gestaltmoment auch in der unbelebten Natur, soweit sie nicht, wie im menschlichen Gerät, im Handwerkszeug, vom Menschen die Gestaltung erhält. Gibt es Gestalten in der belebten und unbelebten Natur, so ist ein neues Diskontinuitätsprinzip eingeführt. Aber freilich ein nicht physikalisches. Psychologisch sieht man immer wieder, daß die Gestalt im eigentlichen Sinne sich aufbaut, es liegt nach Meinong ein produktives, seelisches Geschehen vor. Ich will nicht in Abrede stellen, daß es im Wahrnehmungsbereich, ja in der Empfindung bereits Gestaltung gebe, doch baut er sich über dieser Grundlage immer neue Gestaltungsprozesse auf, die wir psychisch miterleben. Sollten wir nicht im psychischen Erlebnis des Gestaltens, der Produktion im Sinne Meinongs einen Hinweis auf die tiefere Struktur des „gestalteten Wahrnehmungsvorgangs" sehen?[1]) Aber sollte nicht das, was wir außen als Gestalt wahrnehmen, wofern es in der Realität Gestalt ist, wie der Organismus, von einem ihm innewohnenden Psychischen zur Gestalt geformt werden?

---

[1]) Bezüglich der psychol. Problematik vgl. Schilder, P.: Med. Psychologie. Berlin: Julius Springer. 1924.

Die Erhaltung der Energie

Wir haben die grundlegend wichtigen Begriffe Masse, Kraft, Energie einer Betrachtung unterzogen und können uns nun der Frage zuwenden, inwieweit das Gesetz der Erhaltung der Masse und Energie zu gelten habe. Die Wiederbelebung des Gedankens einer Erhaltung der Kraft geht von den Entdeckungen von MAYER, HELMHOLTZ und JOULE aus. Das Gesetz der Erhaltung der Masse ist im Grunde überhaupt nie in Frage gezogen worden. Das Seiende erschien stets als unzerstörbar, und wie anders könnte man überhaupt das Sein definieren? Die erste Tatsache, welche den Begriff der Erhaltung der Kraft nahelegte, war die, daß aus einer bestimmten Menge Arbeit eine bestimmte Menge von Wärme gewonnen werden konnte. Eine Kalorie erwies sich 427 kgm als äquivalent. HELMHOLTZ zeigte, daß dieses Gesetz der Erhaltung der Energie verallgemeinert werden kann, und daß sich mechanische Arbeit auch in Magnetismus, Licht, Elektrizität transformieren kann. Es wird vorausgesetzt, daß die Energie die gleiche geblieben sei, weil sie in stets äquivalenter Weise umgesetzt wird (über die durch das Entropiegesetz gegebene Einschränkung gehen wir zunächst hinweg). Aber haben wir auch einen Beweis dafür, daß hinter allen diesen Manifestationen etwas Unwandelbares sich befinde?

Die Frage kann man schon bei der Umwandlung potentieller in kinetische Energie aufwerfen. (Ebenso umgekehrt.) Wo steckte die kinetische Energie, wo die Kraft? Jedenfalls hinter der Erscheinung. Wahrnehmungstranszendent. Mehr noch als die beharrende Substanz liegt die beharrende Energie hinter der Erscheinung.

Nun behauptet ja die Physik im Grunde, daß es sich bei allen Energien um Bewegungen handle. Bei der mechanischen Energie handelt es sich um grob sichtbare, in der Lehre von der Akustik um Bewegungen kleineren Ausmaßes, in der Optik und Elektrizität sind wiederum Bewegungserscheinungen das Wesentliche. Nun wird schon in der Akustik unfaßbarer, was sich denn eigentlich bewege. In der Optik erscheint das Bewegte zunächst als Äther, wobei man sich diesen Äther ganz ohne sinnliche Qualitäten zu denken hat. Man weiß ja nicht, was denn Äther für ein Stoff sein sollte, auch wenn man ihm gelegentlich Elastizität und Dichte zugeschrieben hat. Nun werden ja optische Schwingungen in magnet-elektrische aufgelöst. HERTZ gelang es bekanntlich zum erstenmal, an elektrischen Wellen Eigenschaften festzustellen, die sonst nur optischen zukommen. Die Physik ist heute nahe daran, durch die Verkürzung der elektrischen Wellen den Übergang elektrischer Wellen in optische zu erzielen. Nun hat damit die Optik aufgehört, als Mechanik zu gelten. Es handelt sich nicht mehr um Bewegungen mechanisch gedachter Korpuskeln, an deren Stelle sind vage, mechanisch nicht mehr faßbare Stoffe getreten. Nun leugnet ja bekanntlich ein Teil der modernen Physiker den Äther. Es bleibt dann für Lichtausbreitung und für die Erscheinungen der Elektrizität nur irgendein Geschehen an sich übrig, wobei ein Substrat, an dem sich das Geschehen abspielen könnte, fehlt. Soweit freilich eine korpuskulare Theorie des Lichtes vertreten wird, handelt es sich um elektrische Teilchen. Wenn in der neuen Physik die Gravitation als Feldgeschehen angesehen wird und gemutmaßt wird, das Gravitationsfeld breite sich mit Lichtgeschwindigkeit aus, so sind wir nicht mehr allzu ferne von einem Weltbild, in dessen Zentrum nicht mehr die Mechanik, sondern die Elektrizitätslehre steht.

Wir haben ja schon früher vom psychologischen Gesichtspunkt aus der Frage näherzukommen getrachtet, was denn eigentlich jenes Mystische, die Elektrizität, sei, und wir fanden uns neben den Wahrnehmungen von Druck, Stoß und Anstrengung (Kraftsinn) auf Perzeptionen eines primitiven allgemeinen Sinnes verwiesen. Wir stellten aber bereits dort in Abrede, daß der allgemeine Sinn objektlos sein könne, und sahen keinen Grund, in der Erfassung des Weltbildes auf die späteren Differenzierungen zu verzichten. Wofern also der Begriff der Energie psychologisch überhaupt einen Sinn hat, so bezieht er sich auf das primitive Gemeinempfinden. Und es ist in der Tat richtig, daß sämtliche spätere Differenzierungen doch irgendwie in diesem Urgrunde wurzeln. Freilich spielt auch die Bedeutsamkeit des Erlebens der eigenen Bewegung in das Fundament des physikalischen Energiebegriffes mit hinein. Wir haben ja immer wieder betont, daß jede Wahrnehmung auch eine Bewegungsintention in sich schließt.

Fragen wir uns nun noch einmal, was der Satz der Erhaltung der Energie bedeute, so erscheint er dem Physiker Exner[1]) nicht als ein durch die Erfahrung nachgewiesener Satz, sondern als Postulat.

Planck[2]) sieht jedoch in diesem Satz ein „Dynamisches Gesetz", das nicht lediglich auf Wahrscheinlichkeiten beruhe. Aber selbst wenn man sich gegen Nernst und Exner auf den Standpunkt stellt, daß es wahre dynamische Gesetze gebe, so muß doch betont werden, daß es neben den dynamischen Gesetzmäßigkeiten auch statistische gibt (vgl. hierüber später). Es ist zumindest nicht erweisbar, daß das Naturgeschehen lediglich von dynamischen Gesetzmäßigkeiten bestimmt sei. Wenn wir aber von statistischen Gesetzen sprechen, so heißt das, daß der Einzelfall, der zum statistischen Gesetz führt, nicht unter dem Gesichtspunkte des Gesetzes gefaßt werden kann. Wird aber auch die

---

[1]) l. c.

[2]) Dynamische und statistische Gesetzmäßigkeit in „Physikalische Rundblicke", S. 82. Leipzig: S. Hirzel. 1922; besonders: Physikalische Gesetzlichkeit im Lichte neuerer Forschung. Naturwissenschaften, Bd. 14. 1926.

dynamische Natur des Energiesatzes, seine unbedingte Gültigkeit anerkannt, so handelt es sich doch nur um ein Rahmengesetz, innerhalb dessen
sich abspielen kann, was durch ein Gesetz nicht erfaßt wird. Das, was
wir vom mikrokosmischen Geschehen im atomaren und subatomaren
Bereiche wissen, weist auf statistische Gesetze hin. Mit der Anerkennung
des Energiesatzes ist nicht die geschlossene Naturkausalität gegeben,
die geschlossene Gesetzesbestimmtheit des Geschehens in der Natur.

Übrigens hält sich ja die Physik für ohne weiteres berechtigt, in
Gedanken die Aufgabe des Prinzips der Erhaltung der Energie zu versuchen. Nach PLANCK ist sogar von berufenster Seite der Vorschlag
gemacht worden, die Annahme der genauen Gültigkeit des Prinzips
der Erhaltung der Energie zu opfern, ein Ausweg, der allerdings durch
besondere Versuche als unzulänglich erwiesen wurde. Nach dem derzeitigen Stand der Physik hält diese also auch im atomaren Bereich
an dem Grundsatz der Erhaltung der Energie fest.

Es ist nicht zu verkennen, daß seit der Entdeckung des Radiums
und seiner Wirkungen der Energiesatz seinen Gehalt in wesentlichen
Stücken geändert hat. Hier erscheint (s. o.) Energie als Zerfallsprodukt
der Substanz, der Masse. Diese Energiemengen sind außerordentlich
groß. Das Gesetz der Erhaltung der Energie ist nur dann als richtig
zu bezeichnen, wenn die Masse als Energieansammlung gilt. Das Gesetz
der Energieerhaltung ist heute ein Gesetz der Erhaltung der Energie
und der Masse.

Man hat vielfach die Frage aufgeworfen, ob denn das Gesetz der
Erhaltung der Energie auch für die belebte Natur Geltung habe. Die
Frage ist widersinnig. Gibt es ein Gesetz der Erhaltung der Energien,
so muß es auch für die belebte Natur Geltung haben. BECHER[1]) hat
das bis zum Jahre 1908 vorliegende Material eingehend diskutiert. Er
erwähnt die Untersuchungen RUBNERS[2]), welche alle biologischen Stoffzersetzungen berücksichtigen, die Stoffzersetzung, die Wasserbildung
und Wasserverdampfung und alle für die Erkenntnis der Stoffzersetzung
notwendigen Werte feststellen. Sie führen zu dem Resultate: „Was der
Nahrungsstoff an Energievorrat zur Zersetzung in die Körper hineinbringt, das schickt der Körper in genau gemessenen Quantitäten nach
außen, es gibt in diesem Haushalt kein Manko und keinen Überschuß.“
Die Versuchstiere waren Hunde. Dort beträgt der Fehler zwischen
berechnetem und gefundenem Werte ½ bis 1½%, auch handelt es sich
um tagelang währende Versuche. ATWATER[3]) hat entsprechende Versuche an Menschen angestellt. Im Durchschnitt aller Experimente

---

[1]) Das Gesetz der Erhaltung der Energie. Zeitschr. f. Psychol. u.
Physiol. d. Sinnesorgane. Abt. f. Psychol., Bd. 46. 1908.
[2]) zit. nach BECHER.   [3]) zit. nach BECHER.

(32 mit 107 Tagen) beträgt das tägliche Einkommen 3748 und die tägliche Ausgabe 3745 Kalorien oder eine Differenz von 0,1% des Ganzen.

Die Arbeiten von ATWATER zeigen, daß der Stoffwechsel bei geistiger Arbeit im wesentlichen voll erklärt werden kann durch die Energien, welche in den zugeführten Nahrungsmitteln liegen[1]).

Aber es muß doch betont werden, daß die angewendete Methodik zu grob ist, um eine endgültige Beantwortung der Fragestellung zu ermöglichen. Die Änderung in den Energien könnte ja innerhalb der doch nicht unerheblichen Fehlergrenzen liegen, auch handelt es sich ja um Versuche, welche über eine lange Zeit laufen und nur Durchschnittswerte geben, man könnte ohne weiteres die Vermutung hegen, daß die Gültigkeit des Energiesitzes in der belebten Natur nur einem groben statistischen Durchschnitt entspreche, der über die feineren Beziehungen der Energieverhältnisse bei geistigen Vorgängen nichts aussage. Hiezu kommt, daß wir ja gar nicht über Methoden verfügen, welche angeben, wieviel von potentieller Energie im Organismus verbleibt, die Methode der Gewichtsbestimmung ist wiederum sehr grob im Verhältnis zu den in Betracht kommenden Problemen.

Gleichwohl wäre es für die Naturwissenschaft sinnlos, das organische Geschehen aus dem Gebiete der Erhaltung der Energie auszunehmen. Organische Systeme müßten dann besonders gekennzeichnet werden, und zwar wiederum physikalisch, und wir stünden dann wieder vor dem allgemeinen Satz, daß das Gesetz der Erhaltung der Energie nicht gelte, denn soll Physik einen Sinn haben, so muß sie das Weltgeschehen als Ganzes und nicht nur in seinem unbelebten Teil zu erfassen trachten. DRIESCH[2]) betont mit Recht, daß Physik potentielle Energie heranzuziehen hätte, wenn beim Stoffwechselversuch sich eine wirkliche Schwierigkeit ergäbe.

Die Physik kann nicht ohne weiteres auf den Energiesatz verzichten, es ist ihr auch nach der Entdeckung des Radiums gelungen, das scheinbar unerklärliche Plus an Energie durch die Annahme von Energien, welche aus der Materie frei werden, zu erklären. Damit ist keineswegs gesagt, daß der Energiesatz willkürlich sei. Aber immer wieder wird mein Denken der Annahme zutreiben, daß es hinter dem Wechsel ein Beständiges gibt. Ein Beständiges ist auch unser Ich hinter dem Wechsel von Erlebnissen und die Lehre von der Konstanzenergie des Weltganzen wird so zum ungeheuren Ausdruck einer psychischen Tatsache: der unbeschreibbaren Konstanz des Ich. Aber ich bin auch hier weit entfernt von der Annahme, daß eine solche Auffassung besagen soll, daß wir

---

[1]) Neuere Literatur bei ALLERS: Nervensystem und Stoffwechsel. Zeitschr. f. d. ges. Neural. u. Psychiatrie, Bd. 19, S. 368 ff., und KLOBUSICKY: Stoffwechsel und Energetik der höheren Funktionen. Klin. Wochenschr., Bd. 7. 1928.
[2]) Philosophie des Organischen, 2. Aufl. Leipzig: Engelmann. 1921.

unser Ich in die Welt hineintragen. Überall sehen wir hinter dem Wechsel ein Unverändertes, nennen wir dieses nun Gegenstand (im psychologischen Sinn) oder Masse, Substanz oder Energie. Dieses Konstante im Wechsel ist Grundtatsache der Wahrnehmungspsychologie (wir sehen Gegenstände, deren Erscheinung wechseln mag), es ist aber auch der primitiven Denkweise geläufig. Ich setze noch einmal einen von mir auch anderwärts verwendeten Passus aus PREUSS hieher (Wahn und Erkenntnis, S. 108): „Was wir von den Wirkungen der Zauberkraft kennen, dürfen wir als eine Art Verwandlung auffassen. Aber nicht die Verwandlung meine ich, die in den Naturformen tatsächlich vorkommt, wie die Entwicklung einer Maisstaude aus dem Samenkorn. Die Verwandlung besteht vielmehr darin, daß ein Ding in den verschiedensten heterogenen Formen wirken kann. Jedes Tier und jeder Gegenstand kann sich so in unzählige Nachbildungen umwandeln. Unscheinbare Teile, z. B. abgeschnittene Fingernägel, Federn eines Vogels usw. haben die Bedeutung und Kraft des Ganzen, das heißt dieses verwandelt sich darin. Ebenso steht das Eigentum der Wirkung nach in unmittelbarer Beziehung zum Besitze. Dinge, die nur in der Idee, nicht in der Form oder räumlich zusammengehören, haben doch die Bedeutung der Stellvertretung, sie können sich in einander verwandeln. So ist ein Klotz ein bestimmter Mensch, wenn der Primitive einen Analogiezauber treibt, der auf den Menschen zielt. Nur muß er eine Ähnlichkeit mit dem Betreffenden hineinsehen. Besonders aber kann man sich auf Grund der Tiertänze und des Analogienzaubers, jedes Tier, jeden Gegenstand als Mensch vorstellen, denn der Mensch übt ihre Zauberkraft aus, indem er sie darstellt. Und die Tiere, die den Regen, den Wind, das Feuer, das Wachstum bringen, weil sie in äußerlichen Beziehungen der Form, der Farbe, des Raumes u. dgl. zu diesen Naturobjekten stehen, werden mit ihnen, also mit den Wolken, dem Wasser und Feuer, der Sonne, der Vegetation, identifiziert. Nun ist der Ausdruck Verwandlung nicht ganz zutreffend, denn es handelt sich nach moderner Auffassung meist nur um eine Abgabe von Kräften an andere Substanzen, wobei der zentrale Gegenstand, der ursprünglich die Kraft besitzt, z. B. das Tier, die Maisstaude, die Sonne usw., durch die Abgabe nicht zu bestehen aufhört oder auch nur geschmälert wird. Aber es ist bezeichnend, daß auf diesem Wege allein der allgemeine Glaube an wirkliche Verwandlungen entsteht. Ein Mensch als ganzer Körper verwandelt sich z. B. leibhaftig in einen Wehrwolf, Verwandlungen aus einer Substanz in eine andere ist die Spezialität aller sogenannten Dämonen, und Mythen mit Verwandlungen der wörtlichsten Bedeutung gibt es massenhaft. Die Zwillingskriegsgötter der Zuni erhielten als Hauptfähigkeiten: die Kraft der Verwandlung und den Geist oder Hauch der Zerstörung . . . Aber gerade der Glaube an Verwandlungen zeigt wiederum deutlich, daß eine abstrakte Seele dabei keine Rolle spielt.“

Der Gedanke kehrt in den verschiedensten Formen philosophischer
Systeme wieder und findet schließlich in der Energielehre seinen Ausdruck. Es handelt sich also um eine „Grunderfahrung", welche sich
in verschiedenen Stufen darstellt. Sie ist um nichts weniger bedeutsam
als die Tatsache der Wahrnehmung und sie ist ebenso wenig eine Projektion
von Eigenerlebnissen, wie die Wahrnehmung selbst Projektion von
Eigenerlebnissen ist.

Wenn ich davon sprach, daß das Psychische den Satz der Erhaltung
der Energie unverändert lasse, so muß dieser Ausspruch noch erläutert
werden. Selbstverständlich finden gleichzeitig mit Veränderungen
des Seelenlebens Änderungen im Stoffwechsel statt. Ich erinnere nur
an die Untersuchungen von GRAFE und MEYER[1]), welche nach psychischer
Erregung Änderungen des Grundumsatzes bis zu 30% sahen. Besonders
beachtenswert ist, daß F. DEUTSCH[2]) zeigen konnte, daß es besonders
verdrängte Erregungen sind, welche mächtige Verschiebungen des
Grundumsatzes bewirkten.

Aber derartige an sich bemerkenswerte Erfahrungen besagen ja
nicht, daß die mit dem Affekt verbundene Energieabgabe nicht von
physikalisch faßbaren Energien ableitbar seien, vielmehr muß Naturwissenschaft derartiges voraussetzen. Ob ein nichtphysikalisches
Psychisches außerdem wirkt, entzieht sich den naturwissenschaftlich
physikalischen Betrachtungen. Das Psychische ist für diese lediglich
eine Zutat, welche nichts bestimmt und der Physiker muß letzten Endes
annehmen, der Energieumsatz hätte sich ohne den Bewußtseinsfaktor
ebenso abgespielt wie mit diesem. Eine Annahme, daß während des
geistigen Vorganges etwas an Energien hinzukommen oder weggenommen
werde, widerspricht dem Geiste der Physik, sie ist — wenigstens nach
dem derzeitigen Stande der Physik — außerphysikalisch[3]).

Ich habe mich bemüht zu zeigen, daß das Konstanzerlebnis im
Energiesatz seinen Ausdruck findet. Das Konstanzerlebnis findet sich
bereits im primitiven Denken. In der Physik wandelt sich der Begriff
der unzerstörbaren Substanz zu dem der Erhaltung der Energie und
des Stoffes und schließlich zu einem Begriff, welcher die Erhaltung
der Masse und Energie gleichzeitig umfaßt. Aber nie kann sich das
Lebendige mit der Konstanz zufrieden geben, immer wieder muß es
neben der Konstanz den Wechsel sehen. Der Begriff des ruhenden
Seins wandelt sich und hinter dem starren Sein entfaltet sich neuerdings

---

[1]) Über den Einfluß der Affekte auf den Gesamtstoffwechsel. Zeitschr.
f. d. ges. Neurol. u. Psychiatrie, Bd. 86. 1924.

[2]) Wien. klin. Wochenschr., Bd. 38. 1925.

[3]) Der Mathematiker WEYL scheut sich allerdings nicht von Wirkungen
des Ich zu sprechen, doch scheint mir der an sich richtige Gedanke eben nur möglich zu sein, wenn die physikalische Gedankeneinstellung verlassen wird (l. c.).

der bunte Wechsel. Letzten Endes sind das die Probleme des PARMENIDES und des HERAKLIT. Das Problem des Werdens und des Seins kehrt wieder in verwandelter Form in den Problemen des statistischen und dynamischen Gesetzes.

Das Gesetz der Erhaltung der Energie ist nur ein Rahmengesetz. Es besagt nur, daß Bewegungsgrößen erhalten bleiben, es besagt wenig über das wirkliche Naturgeschehen. Selbst die Annahme einer absoluten Gültigkeit des Gesetzes der Erhaltung der Energie besagt noch nichts über eine geschlossene Naturkausalität. Es besagt auch nichts über die Weise, wie eine Bewegungsgröße in die andere übergeführt werde. Da wir später noch über die Bedeutung der statistischen und physikalischen Gesetzmäßigkeit sprechen werden, so genüge hier die Bemerkung, daß wir nicht nur nach Dingen streben, die konstant sind (Energieprinzip), sondern daß wir auch die Weise dieser Dinge und das Geschehen festgelegt wünschen, wir streben nach einer absoluten Erkenntnis der Natur nach Gesetzen, wir verlangen eine Determiniertheit der Natur, dynamische Gesetze und müssen doch immer sehen, daß der Einzelfall sich dem Gesetz entzieht. Als man das makroskosmische Geschehen durch dynamische Gesetze festgelegt glaubte, zeigte es sich, daß das mikrokosmische sich dem strengen Gesetzesbegriff nicht füge, daß wir hier vielfach nur statistische Gesetzmäßigkeiten kennen. Aber die Regellosigkeit bleibt ebenso unbefriedigend. Wir suchen nach dem Gesetz der unbeirrbaren Folge; glauben wir, dieses gefunden zu haben, so werden wir doch gewahr, daß es das wirkliche Geschehen nicht voll erfaßt. Im Grunde bleibt eine Freiheit. Die Verwandlung statistischer Gesetze in dynamische wird zu einer unendlichen Aufgabe.

Jedenfalls gibt WEYL[1]) zu, daß für die Physik von heute das Determinationsproblem an Schärfe verloren habe. Heute erscheint der Physik Freiheit möglich, während ihr der Gedanke kaum ein Jahrzehnt vorher unfaßbar schien. Auch diese Problemgeschichte liegt in der Wahrnehmungspsychologie ebensowohl wie in den Eigentümlichkeiten menschlichen Wollens beschlossen, das sich zwar durch Motive bestimmt, aber sich doch ihnen gegenüber frei fühlt. Auch hier die Erkenntnis, daß das Tiefste, was wir in der Welt wissen, bereits im naiven Bewußtsein liegt; die Erkenntnis der exakten Wissenschaften gibt nur Einzelfälle zu einem Grundgesetz, das wir in der Welt sehen und in uns tragen, kraft unserer Eigenschaft, beseeltes Wesen zu sein.

Der zweite Satz der Thermodynamik

Das Gesetz der Erhaltung der Energie, der erste Satz der Thermodynamik, erfährt eine Ergänzung in dem zweiten Satz der mechanischen

---

[1]) l. c.

Wärmelehre, der das Rahmengesetz des ersten Satzes nach einer bestimmten Richtung hin spezifiziert. Machen wir uns den zweiten Hauptsatz, das CLAUSIUSsche Eutropiegesetz, einmal klar. SADI CARNOT hatte gezeigt, daß die Bewegung, welche in eine andere Bewegung umgewandelt wird, restlos wieder zurückgewonnen werden kann. Er spricht von einem Kreisprozeß. Es zeigt sich aber, daß bei solchen Kreisprozessen grundsätzlich Wärme entwickelt wird, welche der Rückverwandlung widerstrebt. Es geht also stets ein bestimmtes Quantum der Energie in Wärme über. Die Wärme kann aber nur dann verwendet werden, wenn sie durch einen Gegenstand tieferer Temperatur aufgenommen wird. Wärme kann nur Arbeit leisten, wenn sie von einem wärmeren in einen kälteren Körper übergeht. In einem geschlossenen System wird daher die nicht verwertbare Wärme beständig zunehmen, mit anderen Worten, die nicht verwertbare Energie, die Entropie, steigt an. Dieser Satz gilt von jedem geschlossenen System. Letzten Endes wird in einem solchen System, das keine Energiezufuhr von außen erhält, alle Energie zu solcher unverwendbarer Energie werden. Nun enthält, wie DRIESCH[1]) treffend auseinandergesetzt hat, das Entropiegesetz im Grunde zwei Komponenten. Es sagt einesteils aus, daß die Anwesenheit von Energie nicht genügte, um ein Geschehen zu bewirken. Es muß vielmehr auch eine Potentialdifferenz, ein Gefälle, eine Energieverschiedenheit vorhanden sein. So kann man mit den großen Energiemengen, die im Ozean aufgestapelt sind, gar nichts anfangen, da es unmöglich ist, die entsprechende Potentialdifferenz herzustellen. Allerdings bleibt ja die Wärme bedingende Molekularbewegung bestehen. Tritt der von CLAUSIUS prophezeite unentrinnbare Wärmetod der Welt ein, so wären alle Moleküle doch noch in Bewegung. Es gibt keinen „mikrokosmischen" Wärmetod. Das „makrokosmische" Geschehen schwindet in diesem Bereich. Der Wärmetod tritt ein. Die Energie ist aus gesammelter in zerstreute Form übergegangen. Überhaupt besagt der zweite Hauptsatz der Wärmelehre, daß Energie empirisch die Tendenz hat, aus dem Zustande der Sammlung in den Zustand der Zerstreuung überzugehen. In diesem ist sie unverwendbar.

BOLTZMANN definierte das Entropiegesetz dahin, daß das Geschehen von unwahrscheinlichen zu wahrscheinlichen Zuständen tendiere. Bei der Wärme seien die Molekularbewegungen geordnet, sonst seien die Molekularbewegungen ungeordnet. Die Welt tendiere von der Ordnung zur Unordnung.

Aber diese Fragen verlangen eine Ausdehnung auf das Weltganze, denn dieses müssen wir wohl als geschlossenes System auffassen, welchem von außen keine Energie zugeführt wird. Setzt man die Energie des

---

[1]) Philosophie des Organischen.

Weltganzen als unendlich voraus, so böte die Unerschöpfbarkeit arbeits-
fähiger Energien nichts Auffallendes. Allerdings hebt dieser Begriff
des Unendlichen alle Probleme auf, er gestattet, willkürlich immer wieder
neue Energiezuflüsse anzunehmen. Auch hat EINSTEIN[1]) auf die Schwierigkeiten solcher Vorstellungen aufmerksam gemacht. Nun wird man also
diese Vorstellung wohl aufgeben müssen und hat dann zu fragen, weshalb
— zeitliche Unendlichkeit vorausgesetzt — der Zustand der Unver-
wertbarkeit der Energie, der Zustand des aufgehobenen makrokosmischen
Gefälles nicht schon längst eingetreten sei. BAVINK[2]) verweist auf die
Möglichkeit, daß der Zustand des Wärmetodes möglicherweise nur
asymptotisch erreicht werde. Aber sollte nicht für eine derartige Annahme
noch immer zuviel verwertbare Energie in der Welt sein, zuviel Ordnung,
zuviel Unwahrscheinlichkeit im BOLTZMANNschen Sinne, es sei denn,
wir begrenzten die zeitliche Ausdehnung des Weltalls. Tun wir das
jedoch, so ist hiemit die Annahme eines Schöpfungsaktes gegeben, eine
Annahme, welche gewiß insoferne auf Schwierigkeiten stößt, als nicht
einzusehen ist, warum sich derartige Schöpfungsakte nicht immer wieder
von neuem wiederholen sollten. Jedenfalls käme ein Moment der
Freiheit und Unvoraussehbarkeit auch auf diesem Wege in die Natur.
Setzt man mit EINSTEIN eine geschlossene und begrenzte Welt mit
endlichem Volumen voraus, so ist zwar nicht die Möglichkeit der Ab-
wanderung der Energie gegeben, wohl aber muß auch in einer solchen
geschlossenen Welt die makrokosmisch arbeitsfähige Energie abnehmen,
und schließlich müßte auch hier der Wärmetod eintreten. Nach EINSTEIN
ist das Weltganze als „quasi-sphärischer Raum", das dreidimensionale
Analogon zu einer Kugelfläche, anzusehen. Aber auch ein solcher un-
begrenzter Raum ist endlich, auch in ihm müßte die Energie makrokosmisch unverwertbar geworden sein, wenn nicht irgendwelche ordnende
Faktoren von neuem ins Spiel getreten wären. Ordnende Faktoren,
welche keine physikalische Weltanschauung anerkennen kann. Man
könnte nun diesen Folgerungen dadurch aus dem Weg zu gehen trachten,
daß man die Unendlichkeit der zeitlichen Abläufe bestreitet. Man
könnte mit WEYL[3]) die Annahme versuchen, daß die vierdimensionale
Weltlinie, welche durch die drei Dimensionen des Raumes und durch
die Zeit gegeben ist, in sich zurückkehre, eine Annahme, welche freilich
nur aus der ungerechtfertigten Gleichsetzung der Raum- und Zeit-
koordinaten entspringen konnte und wohl auch von vorneherein nur
als Gedankenspiel gedacht war. WEYL selbst trennt auch jetzt Ver-

---

[1]) Über die spezielle und allgemeine Relativitätstheorie, 5. Aufl.
Braunschweig: Vieweg. 1920.
[2]) Ergebnisse und Probleme der Naturwissenschaft, 2. Aufl. Leipzig:
Hirzel. 1924.
[3]) Was ist Materie? Berlin: J. Springer. 1924.

gangenheit von Zukunft und spricht jetzt vom Weltganzen als von
einem Hyperboloid, das zwei getrennte Säume hat, den unteren der
ewigen Vergangenheit und den oberen der ewigen Zukunft. Dann müßte
aber der Wärmetod bereits eingetreten sein. Es scheint also, daß auf
physikalischem Wege ein Entrinnen aus den Folgerungen des Entropie-
gesetzes nicht möglich ist. Es müssen also wohl physikalisch nicht
faßbare Ordnungstendenzen angenommen werden.

Einige Bemerkungen seien an den Begriff des quasisphärischen
Raumes angeschlossen. Handelt es sich doch um eine Raumform, die
unanschaulich ist und lediglich auf Grund von rechnerischen Schlüssen
und Analogiebildungen gewonnen ist. Derartige räumliche Gebilde
spielen in der neueren Entwicklung der Physik eine wesentliche Rolle,
vierdimensionale Räume u. dgl. mehr. Man darf sich nicht täuschen
lassen, auch derartige Raumgebilde gehen letzten Endes ausschließlich
auf den anschaulichen dreidimensionalen Raum zurück. Es handelt
sich um rechnerische Hilfsmittel, um gewisse Geschehnisse des dreidimensionalen Raumes besser erfassen zu können. Keineswegs aber
um Wirklichkeit, welcher der Wirklichkeit des Alltages gleichkäme oder
sie gar übertreffe. Schon aus diesem Grunde wüßten wir mit der Angabe,
die Welt sei ein quasisphärischer Raum, letzten Endes nichts anzufangen.
Physikalisch gerichtete Denker haben diese Erwägungen häufig nicht
entsprechend eingeschätzt.

Die Wahrscheinlichkeit

Wie erwähnt, spricht BOLTZMANN davon, daß es sich bei der kine-
tischen Gastheorie und bei dem zweiten Hauptsatz der Wärmelehre
lediglich um Wahrscheinlichkeiten handle. Im mikrokosmischen Bereich
hätten die physikalischen Gesetze nicht ohne weiteres Gültigkeit. So
sei es durchaus denkbar, daß Wärme von dem kälteren zu dem wärmeren
Körper übergehe. Die bewegten Moleküle könnten in kleinerem Bereich
aus dem kälteren Körper gegen den wärmeren vordringen.

MAXWELL hat daran die Phantasie angeschlossen, Dämonen ließen
in solchem begrenzten Bereich die bewegteren Moleküle durch, schlössen
dann ab, und so werde schließlich der Entropiesatz aufgehoben. Letzten
Endes handelt es sich also wiederum nur um die Annahme ordnender
Kräfte. Sind wir aber überhaupt fähig, im Mikrobereiche Gesetzmäßigkeiten aufzustellen? Nach EXNER[1]) ist die Zahl der von einem
Radiumpräparat ausgesendeten Alphapartikel eine sehr konstante,
wenn es sich um Stunden oder Tage handelt. Gehen wir mit der Zeit
aber zurück auf Sekunden oder Bruchteile davon, so tritt schon eine
deutliche Schwankung in den Mittelwerten ein. Würden wir diese Er-

---

[1]) l. c.

scheinung durch eine Formel, also durch ein Gesetz, darstellen, so würde dieses für genügend große Zeiten anscheinend exakt gelten, für zu kleine aber versagen.

Erinnern wir uns an die Wahrscheinlichkeitsrechnung überhaupt! In einer Serie von Würfen mit einem Würfel nähert sich der Mittelwert aller geworfenen Zahlen dem arithmetischen Mittel (3,5) der möglichen Zahlen um so mehr, je größer die Zahl der Würfel ist. Wir können also sagen, daß wir zwar nicht darüber orientiert sind, wie der einzelne Wurf ausfallen wird, wohl aber, welches Resultat die Gesamtheit der Würfe haben wird. Immer ist also im einzelnen das Unwahrscheinliche möglich. Die Gesetzmäßigkeit der Physik wäre demnach vielfach nur eine statistische. Dieser Grundsatz gilt offenbar nicht nur für die Wärme und für die α-Partikeln.

Bavink[1]) behauptet, daß es nach den physikalischen Gesetzmäßigkeiten möglich sei, daß einmal ein Ziegelstein auch der Schwerkraft entgegen sich vom Boden erhebe. Diese Möglichkeit ist aber extrem unwahrscheinlich und kann nur durch eine kaum faßbar große Serie angehängter Nullen annähernd dargestellt werden.

Würde sich nun ein solcher Fall tatsächlich ereignen, so könnte er als nichtreproduzierbar, nicht exakt festgestellt werden. Ja man wäre sogar genötigt, das Faktum auf wahrscheinlicherem Wege zu erklären. Während Nernst und Exner zu der Annahme neigen, es gebe keine andere als die statistische Gesetzmäßigkeit, besteht Planck darauf, daß es auch eine dynamische Gesetzmäßigkeit gebe, welcher eine absolute Gültigkeit zukommt. Nach Planck sind alle reversiblen Prozesse durch dynamische Gesetze geregelt. Als Typus eines reversiblen Prozesses kann man die Schwingungsbewegung eines idealen Pendels auffassen, die ohne Einfluß von außen immerwährend erhalten würde. Als Typus der irreversiblen kann der Vorgang der Wärmeleitung gelten. Der erste Haupsatz der Wärmetheorie sei ein dynamisches Gesetz. Exner wendet aber dagegen ein, daß reversible Prozesse in der Natur nicht vorkämen und daß wir reversible Prozesse aus der Natur nur durch Abstraktion gewinnen, und er neigt dazu, alle Gesetze als statistische aufzufassen und die dynamischen Gesetze nur als einen theoretisch konstruierten Grenzfall anzusehen. Die Bedeutung einer derartigen Anschauung ist eine außerordentlich wesentliche, denn über die Bedingungen, welche den Fall des einzelnen Würfels bestimmen, wissen wir nichts, wenn wir den Wahrscheinlichkeitswert der Serie bestimmen. Es ist mehr als fraglich, ob wir im mikrokosmischen Bereiche mehr wissen, und ob die Gesetze der Physik über das Mikrokosmische den entsprechenden Aufschluß geben. Jedenfalls reichten die bisher bekannten Gesetz-

---

[1]) l. c.

mäßigkeiten nicht dorthin, und wenn man dem Gedanken der gesetzmäßigen Folge auch dorthin trägt, so drückt man damit nur eine Überzeugung aus, die nicht empirische Quellen hat, welche also letzten Endes
nicht physikalischer Natur ist. Die Physik ist zwar heute daran, auch
die Gesetzmäßigkeiten des Mikrokosmos aufzuklären. Aber BOHR und
HEISENBERG[1]) betonen, daß man hiebei auf anschauliche Bilder verzichten müsse. Große Lücken klaffen im einzelnen. Nach HEISENBERG
ist die Individualität eines Korpuskels nicht gegeben. Es ist auch nicht
möglich, einem Korpuskel einen bestimmten Ort als Funktion der Zeit
zuzuordnen. Auch nach FLAMM[2]), der vorwiegend den Forschungen
SCHRÖDINGERS[3]) folgt, kann man dem Elektron nicht einen bestimmten
Ort auf seiner Atombahn zuordnen. Es füllt vielmehr die ganze Bahn
gleichmäßig aus. Es sind auch keine Erscheinungen bekannt, bei denen
der Ort des Elektrons auf der Atombahn eine Rolle spiele. Man fordert
also der physikalischen Rechnung zuliebe ein Sakrifizium der „Tag-
ansicht“, der unmittelbaren Anschauung, die Ereignisse an einen bestimmten Ort und eine bestimmte Zeit bindet. Die SCHRÖDINGERschen
Wellen laufen in einem vieldimensionierten Raum ab, der sich jeglicher
Anschauung entzieht. Die Formeln der Physik führen zu einer grandiosen
Abkehr von der erlebten Realität. Sie führen zu Anschauungen, welche
an gewisse okkultistische Gedankengänge anklingen. Gegenwart und
Zukunft scheinen vertauscht, das Doppelgängerproblem wird physikalisch belebt und das wesentliche Geschehen wird außerhalb des dreidimensionalen Raumes verlegt.

Der Prozeß der empirischen Forschung ist grundsätzlich unabge-
schlossen und lückenhaft. Die absolute Gesetzmäßigkeit, oder mit anderen
Worten: die Vorausberechenbarkeit ist grundsätzlich nicht vollständig
möglich. Das Reich der Freiheit scheint zwar immer mehr eingeengt
zu werden, bleibt aber letzten Endes doch bestehen. Wo immer aber
Freiheit besteht, kann es in den Endauswirkungen nur statistische
Gesetzmäßigkeit geben. So ist denn nach unserer Auffassung Gesetzmäßigkeit grundsätzlich statistische Gesetzmäßigkeit. Gleichwohl muß
Wissenschaft immer wieder der dynamischen Gesetzmäßigkeit zustreben.
Wissenschaft heißt ja Vorausberechnung des Geschehens. Insofern
liegt in dem Ausspruche KANTS, daß jede Wissenschaft nur insoweit
auf Geltung Anspruch erheben könne, als in ihr Mathematik enthalten
sei, eine bedeutsame Wahrheit. In dieser Formulierung ergibt sich
denn sofort, daß Wissenschaft grundsätzlich einen, vielleicht den
wesentlichen Faktor des Weltgeschehens nicht fassen kann, den der

---

[1]) Quantenmechanik. Naturwissenschaften, Bd. 14. 1926.
[2]) Die neue Mechanik. Naturwissenschaften, Bd. 15. 1927.
[3]) SCHRÖDINGER versucht die Quantengesetze durch Wellenbilder
zu erklären.

Freiheit. Ihn wissenschaftlich fassen zu wollen, ist ein Widerspruch in sich. Physik setzt also eine Gesetzmäßigkeit des Weltgeschehens voraus, welche jenseits aller Erfahrung liegt, welche anderseits stets Widerspruch erfährt durch das Erlebnis der Freiheit. Immer wieder ist auffallend, daß die Physik trotz aller ihrer Gewalttätigkeiten gegenüber dem Wahrnehmungsbestande zu richtigen, das heißt für das Handeln wertvollen Resultaten führt. Zweifellos eliminiert ja physikalische Forschung all das, was der Empirie, der Erfahrung, widerspricht. Eine Reihe von Fehlresultaten wird immer wieder ausgeschaltet, so daß wir sagen müssen, daß die Lehren der Physik die Struktur der Wirklichkeit in einem weitgehenden Maße umfassen, soweit sie für bestimmte Handlungen erreichbar ist. Die Physik muß also Teilerkenntnisse geben, sie lehrt uns etwas über das Weltgeschehen, keineswegs aber ermöglicht sie eine völlige Erfassung.

Vielleicht kann die scharfe Fassung, die RUSSEL[1]) dem Problem der Induktion gegeben hat, besser erklären, warum Physik so wie jede induktive Wissenschaft niemals zur vollen Beruhigung führen kann.

Nach RUSSEL liegt das Prinzip der Induktion allen Schlüssen über die Existenz der unmittelbar gegebenen Dinge zugrunde und er formuliert folgendermaßen (S. 295/96): „Wenn ein Ding von bestimmter Art in einer größeren Anzahl von Fällen in der gleichen Verknüpfung mit einem Ding von bestimmter anderer Art vorkommt, so ist es wahrscheinlich, daß ein Ding der ersten Art immer mit einem Ding der zweiten Art verknüpft ist, und in demselben Maße, wie die Zahl der Fälle zunimmt, kommt die Wahrscheinlichkeit der Gewißheit unendlich nahe."

Da die Induktion zur Abstraktion von vielen Qualitäten führt, da exakte Induktion auf so viele Qualitäten verzichtet, so scheinen die Qualitäten als dünne Schichte über dem Urgrund des Triebhaften, das jenseits besonderer Qualitäten steht. Aber letzten Endes führt doch die Physik immer wieder zu der Qualität zurück, bereichert unser Wissen von der Welt, so daß der Vorrang der qualitätslosen Welt vor der qualitätsreichen nur ein scheinbarer ist.

Die Bemerkung über die Wahrscheinlichkeit und über die statistische Gesetzmäßigkeit müssen auch auf das psychologische Gebiet erweitert werden. Es gibt eine bestimmte Anzahl von Selbstmorden, die man für jedes Jahr, ja fast für jeden Monat im voraus bestimmen kann. Gleichwohl erfolgen diese Selbstmorde als Willensentschlüsse freier Persönlichkeiten. Der naturgesetzliche Rahmen wird auch hier trotz Freiheit im einzelnen nicht gesprengt. Diese erscheint als der wesentliche Motor. Mit ähnlichen Fragestellungen treten wir den psychischen

---

[1]) Unser Wissen von der Außenwelt. Leipzig: Meiner. 1926.

Abläufen als solchen entgegen. Es muß eine „Physik", das heißt eine gesetzmäßige Abfolge seelischer Erlebnisse geben, aber diese gesetzmäßige Abfolge erschöpft keineswegs die Gesamtheit des seelischen Geschehens, darüber hinaus lebt noch und wird erlebt die Freiheit. Psychoanalytische Forschung — im wesentlichen die Forschung FREUDS — hat die reale Abfolge seelischer Erlebnisse, weitgehend geklärt und hat zumindest qualitative Kausalität im Psychischen erschöpfend dargestellt. Gleichwohl erschöpfen diese Gesetzmäßigkeiten das Seelenleben nicht völlig, ja der durch die Gesetzmäßigkeit nicht faßbare Rest stellt sich mit noch größerer Deutlichkeit dar. Gleichwohl ist es Aufgabe einer naturwissenschaftlichen Psychologie, die Gesetzmäßigkeiten zu erfassen, Gesetzmäßigkeiten, welche immer wieder nur kausale sein können.

Physik und Psychologie benötigen ein Ausgangsmaterial. Die Physik spricht von Konstanten. Die Psychologie braucht Gebilde, an welchen sich die Gesetzmäßigkeiten abspielen.

Die Qualitäten

Wir haben vorangehend ausgeführt, daß die Physik nicht einmal in ihrem ureigensten Bereiche, nämlich im Bereiche des qualitätslosen Geschehens, imstande ist, die durchgehende Gesetzmäßigkeit zu beweisen. Wenn einzelne Physiker die durchgängige Kausalität mit Bestimmtheit annehmen, so gehen sie nach einem heuristisch wertvollen Denkprinzip vor, das aber nicht aus der Erfahrung, zumindest nicht aus der physikalischen Erfahrung, stammt. Die geschlossene Naturkausalität kann von gewissen weltanschaulichen Positionen aus Postulat sein, Erfahrungstatsache ist sie nicht. Versuchen wir, uns nun einmal klarzumachen, woran sich denn für eine physikalische Weltanschauung das Weltgeschehen abspielt. Die frühere physikalische Weltanschauung sprach von Molekülen und Atomen, welche letzten Endes nur taktile Qualitäten (im weitesten Sinne) haben können, die schließlich nur Bewegungsgrößen in sich schließen, die sich wieder taktil äußern. Dieses Weltbild baut sich also aus dem Bewegungserlebnis und dem Erlebnis des Berührtwerdens auf. Während hier der sinnespsychologisch taktile Kern noch einigermaßen sichtbar ist, stellt die neuere Entwicklung der Physik mit den Elektronen etwas Unsinnliches in das Zentrum des Weltbildes, das nur auf indirektem Wege in optische Erlebnisse und taktile Erlebnisse verwandelt werden kann. Die Weiterentwicklung der Physik, die nicht nur den Begriff der Masse, sondern auch den Begriff der elektrischen Masse auszuschalten bestrebt ist, kehrt zurück zu irgendwelchen Sinnesqualitäten, welche im undifferenzierten Jenseits des Taktilen liegen, in ein Gebiet, wo Impression und Expression,

Empfindung und Tun in eins verfließen. Es ist wahrscheinlich, daß eine derartige physikalische Weltanschauung insoferne einen berechtigten Kern hat, als die Trennung von Wahrnehmung und Bewegung letzten Endes nur eine künstliche ist, und daß wahrscheinlich Wahrnehmung und Bewegung unauflöslich miteinander gekoppelt sind. Die Wahrnehmung scheint überall dort klarer und distinkter zu werden, wo die Bewegung sich nicht voll ausleben kann. Sie scheint überall dort zu entstehen, wo das Tun, und sei dieses auch nur Nahrungsaufnahme oder Wachstum, gehemmt ist. Jedenfalls zielt eine solche physikalische Weltanschauung auf ein höchst primitives Sein. Sie ist in dieser Hinsicht in extremem Maße regressiv und stellt einen psychologischen Zustand her, welcher, reduziert an Qualitäten, einer sehr ursprünglichen Seele entspricht. In dieser Hinsicht ist also die physikalische Weltanschauung primitiv. Nun liegt es einer Reihe von Physikern sicherlich fern, aus der Physik eine Weltanschauung abzuleiten. Es würde sich vielmehr für diese Physiker bei den physikalischen Formeln lediglich um Mittel zur Vorausberechnung handeln, um Mittel, welche das Handeln erleichtern sollen. Die Physik hätte lediglich die Aufgabe, das Weltgeschehen in einem höchst möglichen Grade berechenbar zu machen (vgl. hiezu auch HAERING[1]). Sie wäre nicht mehr Mittel des Erkennens, sondern doch nur Mittel der Handlung. Letzten Endes würde es aber wiederum einen Verzicht auf die Qualitäten bedeuten, wenn man nur Maßstäbe für das Tun haben will. Es gehört zu den großen Paradoxien, daß das logisch-sachliche Denken, welches sich ja die Erschließung der Wirklichkeit zum Ziel setzt und sie in ihrem Bestande und in ihrer Fülle anerkennen will, schließlich in einer Abkehr von der Wirklichkeit endet. Vielleicht haben wir hier jenen Kreis vor uns, welcher von der primitiven Handlung zur entwickelten Wahrnehmung führt, welche aber letzten Endes doch nur wieder einem besinnungslosen Tun dient. Hier mag an die Formulierungen BERGSONS[2]) erinnert werden, der ja Gewinnung der Bilder streng gegenübergestellt der Handlung, wobei er freilich die enge Verlötung der Bilder mit dem Tun übersieht.

Die physikalische Welt ist also, wie immer man sie betrachten möge, eine qualitätsarme, ja man wäre geradezu versucht zu sagen, qualitätslose Welt. Sie ist aber, wenigstens der Idee nach, eine streng vorausberechenbare Welt[3]), eine Welt, in der es im strengsten Sinne keinen Zufall, sondern nur immer gesetzmäßige Folge gibt, eine gesetzmäßige Folge, welche auch die Freiheit endgültig ausschließt. Wir nehmen

---

[1]) Philosophie der Naturwissenschaft. München: RÖSL. 1923.

[2]) Materie und Gedächtnis.

[3]) Freilich tritt in der neueren Physik (siehe oben) der Gedanke der absoluten Vorausberechenbarkeit zurück!

nun, obwohl Anhänger der Anschauung, daß das Weltgeschehen nicht nur tatsächlich, sondern grundsätzlich der völligen Berechenbarkeit sich entziehe, die physikalische Grundthese[1]) als verwirklicht an, daß eine völlige Berechenbarkeit gegeben sei. Die Bewegungen der einzelnen Moleküle, ja der einzelnen Elektronen, wären bestimmt und in Gleichungen dargestellt. Die LAPLACEsche Intelligenz, jene supponierte Intelligenz, welche alle Daten physikalischer Art beherrscht, würde natürlich imstande sein, dann vorauszuberechnen, wie sich die Elektronen und ihre Bewegunsgzustände in einem beliebigen Zeitmoment der Gegenwart, der Vergangenheit und der Zukunft verhielten. Aber selbst dann würde die LAPLACEsche Intelligenz von den Qualitäten nichts wissen. Daß eine Schwingung von 0,42 μ die Farbe Violett ergibt, ist aus physikalischen Formeln grundsätzlich nicht ablesbar. Existierte keine Farbwahrnehmung, so würden sich die physikalischen Formeln überhaupt nicht ändern. Auch für den Blinden gilt die mathematische Optik und für den Tauben die physikalische Akustik. Niemals kann aus den Formeln eine Qualität abgeleitet werden. Das gilt schon von den einfachen Sinnesempfindungen; um wie viel mehr von allen höheren psychischen Erlebnissen. Niemals kann aus den physikalischen Formeln abgeleitet werden, daß bei irgendeiner Konstellation von Elektronenbewegungen psychisches Sein und Erleben, ein Ich auftritt. Die LAPLACEsche Intelligenz würde von allen diesen Dingen nichts wissen. Daß es Seelen-Iche gibt, würde sie ebensowenig vorausberechnen können, wie daß es Farben, Töne, Geschmäcke und Gerüche gibt. Die Tatsache des Lebens — sie fällt zusammen mit der Tatsache psychischen Seins — würde sich höchstens in der Form kundgeben können, daß eine besondere Komplikation von Formeln eintritt, welche Komplikation dem Beobachter aber nicht die Idee geben könnte, daß Leben existiere und was Leben sei, wüßte er es nicht im vorhinein. Würde es der Physik einmal gelingen, Leben aus organischem Material künstlich darzustellen, würde auch das Problem der Urzeugung experimentell gelöst sein — unser Einwand würde gleichwohl zu Recht bestehen. Wir können Leben immer nur wieder mit außerphysikalischen Mitteln feststellen und aus den Elektronen heraus kann die Existenz des Lebens nicht verständlich gemacht werden. Demgegenüber scheint das Problem, ob es möglich sei, aus Unbelebtem Belebtes herzustellen, von sekundärer Ordnung. Ich selbst sehe im Grunde nicht ein, warum man nicht einmal dazu kommen sollte, auf künstlichem Wege Belebtes darzustellen. Ich glaube, daß auch in der unbelebten Natur Leben liegt, und daß es sich auch bei der Urzeugung nur um die Umwandlung vor einer Form des Lebens in eine andere handeln würde. Bei jedem lebenden Organismus

---

[1]) Wenigstens die einer bedeutsamen Phase der Physik.

sehen wir ja seine Gestaltung in Abhängigkeit von der unbelebten Natur, und wenn auch die flüssigen Kristalle LEHMANNs, die Versuche von RHUMBLER und BÜTSCHLI nur flüchtige Analogien zur organischen Formbildung geben, so weisen sie doch auf eine tiefe Gemeinsamkeit von organischer und anorganischer Natur hin. Es kann kein Zufall sein, daß die Zeichnungsmuster vieler Schmetterlinge eine außerordentliche Ähnlichkeit mit den LIESEGANGschen Niederschlagsmustern in Kolloiden haben[1]), und LEDUC, QUINCKE und STADELMANN anorganische Stoffe zu champignon-, ast- und gliedmaßenähnlichen Gebilden heranwachsen ließen, die bestimmten Gruppen und Arten von Lebewesen täuschend ähnlich sehen. Bedeckt man z. B. den Boden einer Kristallschale mit reinem Sand, streut verschieden große Kristalle von chromsaurem Kali, Eisen und Kupfersulfat darüber und füllt dann die Schale, die an ruhigem Orte stehen bleibt, mit verdünntem Wasserglas, so entwickelt sich ein scheinbarer Pflanzenwuchs aus blauen, grünen und braunen Bäumchen. Besonders frappierend wirkt es, daß die osmotischen Gebilde, wenn sie unter Süßwasser zustande kommen, tatsächlich in Binnengewässern vorkommende Formen, Fadenalgen, Schimmelpilze, Moos, Malermuscheln u. dgl., kopieren, wenn sie aber unter Seewasser wuchsen, im Meer lebenden Formen, wie Röhrenwürmern, Napfschnecken, Austern, Hydroidpolypen, Aktinien, Kalkalgen usw., ähneln[2]).

Halten wir an der physikalischen Weltanschauung fest, so kann es nur physisches Geschehen geben, das von Belang ist. Das Psychische muß belanglos sein, es darf keinen Eigenwert haben, es kann nicht in das physikalische Getriebe eingreifen. Wofern sich der Physiker als solcher eine Weltanschauung überhaupt bildet, so muß er Anhänger des psychophysischen Parallelismus sein, einer Lehre, die das Psychische zu einer bedeutungslosen Zutat herabsetzt, da es nach einem Ausdrucke von RIBOT für den Gang der Uhr gleichgültig ist, ob das Zifferblatt beleuchtet ist oder nicht. Es ist ganz gleichgültig, ob man im Sinne des psychophysischen Parallelismus jeden physikalischen Prozeß von Bewußtseinserscheinungen begleitet denkt, eine Annahme, deren Anschaulichkeit dadurch leidet, daß man sich von der Art solcher Bewußtseinsprozesse nur schwer eine Vorstellung bilden kann, oder ob man die Bewußtseinserlebnisse nur zu physikalischen Erscheinungen bestimmter Komplikation hinzutreten läßt. In beiden Fällen ist das Psychische belanglose Zutat, nur erscheint es in dem zweiten Fall noch belangloser als im ersten. Wir werden uns erst später mit der Frage, ob psychophysischer Parallelismus oder Wechselwirkungslehre, beschäftigen. Doch bedürfen wir hiezu eines vertieften Einblickes in das Wesen des Psychischen.

---

[1]) Vergl. hiezu GOLDSCHMIDT: Physiologische Theorie der Vererbung, S. 171. Berlin: J. Springer. 1927.

[2]) Nach Kammerer: Allgemeine Biologie. Deutsche Verlagsanstalt. 1915.

Das psychophysische Problem

Ich habe oben auseinandergesetzt, daß die Lehre vom psychophysischen Parallelismus diejenige Lehre ist, welche der physikalischen Weltanschauung entspricht. Die geschlossene Naturkausalität würde das Eingreifen eines psychischen Faktors unmöglich machen. Das Gesetz der Erhaltung der Energie müßte gleichfalls, falls es zu Recht besteht, einer Lehre, welche eine Wirksamkeit des psychischen Faktors behauptet, erhebliche Schwierigkeiten bieten. Becher[1]) hat jedoch insoferne einen Ausweg gefunden, als er darauf hinweist, daß es Kraftwirkungen geben könnte, welche ohne Energieaufwand erfolgen, und beruft sich hierin auf die Autorität von Boltzmann.

In der Tat ist ja das Gesetz der Erhaltung der Energie, wie ich gleichfalls früher betont habe, nur ein Rahmengesetz, das nur gewisse allgemeine Richtlinien festhält, ohne über das einzelne etwas auszusagen. Insoferne stellt der Entelechiebegriff von Driesch[2]) einen ähnlichen Versuch dar wie der Versuch Bechers. Die Entelechie hätte ihm zufolge nur die Möglichkeit, die Energieprozesse aufzuschieben im Sinne bestimmter Zwecke und bestimmter Absichten. Becher und Driesch scheinen sich nicht voll darüber Rechenschaft zu geben, daß ihre Annahmen zwar das Gesetz der Erhaltung der Energie respektieren, aber trotzdem mit einer physikalischen Weltanschauung schlechthin unvereinbar sind. Denn die Physik muß den Zeitfaktor auch in ihre Gleichungen aufnehmen und darauf bestehen, daß auch der Zeitfaktor berechenbar sei. Naturwissenschaftliche Weltanschauung und physikalische Betrachtungsweise fordern nicht nur, daß ein Ereignis als solches vorausberechnet werde, sondern sie fordern, daß auch der zeitliche Verlauf genau bestimmbar sei. Soviel gegen Driesch. Gegen Becher ist zu sagen, daß auch eine Richtungsabänderung für die Physik nur dann sinnvoll ist, wenn diese Richtungsabänderung auf physikalischem Wege errechnet werden kann. Nun entzieht sich der psychische Faktor, bezeichne man ihn auch mit dem verschleiernden Namen Entelechie, der Vorausberechnung, ist also auf jeden Fall grundsätzlich außerphysikalisch, und seine Anerkennung bedeutet den Bruch mit dem Grundsatz der geschlossenen Naturkausalität. Man darf freilich nicht die geschlossene Naturkausalität so definieren, daß sie lediglich die gesetzliche Folge bedeutet, sondern sie schließt die Gesetzmäßigkeit der zeitlichen Dauer und der Bewegungsrichtung notwendigerweise mit ein. Da wir auf den Grundsatz der geschlossenen Naturkausalität verzichtet haben, fällt das wesentlichste Argument für die Beibehaltung der Lehre vom psychophysischen Parallelismus weg. Wir haben aber noch zu prüfen, ob es denn überhaupt

---

[1]) l. c.   [2]) Philosophie des Organischen.

denkbar sei, daß die Mannigfaltigkeit des Psychischen Begleitprozeß sein könne physikalisch gedachter Vorgänge. Ein Blick auf das Wesen des Psychischen wird hier erforderlich. Sein Kern scheint zu liegen in der Idee der Zweckhaftigkeit. Stets setzt sich das Individuum Zwecke, handelt nach ihnen, es ist triebhaft in die Zukunft gewendet. Wenn ich hier und im folgenden von Trieb spreche, so möge man berücksichtigen, daß für mich der Trieb stets ein Ziel hat, daß sich nur durch die primitivere, das heißt mannigfaltigere, unzerlegte Struktur von dem ausdifferenzierten Ziel des klaren, bewußten Wollens unterscheidet.

Ist der Zweck, das Ziel des Triebes erreicht, so bleibt dieser Zweck bezogen auf die ursprüngliche Absicht. Auch nach erreichtem Zweck ist das Geschehene nicht isoliert, sondern es ist sinnhaft bezogen auf die Motive und auf die Gesamtpersönlichkeit. Was jemals erlebt wurde, bleibt im psychischen Erleben grundsätzlich erhalten, nichts geht verloren. Der gegenwärtige Zustand des psychischen Systems schließt die gesamte Vergangenheit unverändert in sich. Ganz anders im Physikalischen. Wenn ich einen Gegenstand an einer bestimmten Stelle liegen sehe, so ist es unmöglich zu verstehen, auf welchem Wege der Gegenstand hingekommen sei. Der gegenwärtige physikalische Zustand schließt seine Geschichte nicht in sich, sondern wenn auch Berechnung der Vorgeschichte unter Umständen möglich wäre, so ist diese Vorgeschichte nicht mehr gleichzeitig Vergangenheit und Gegenwart, wie die psychische Vorgeschichte, sondern sie ist schlechthin Vergangenheit. Es wäre nun die Frage aufzuwerfen, ob trotz dieser wesentlichen grundsätzlichen Umterschiede zwischen Psychischem und Physikalischem es nicht doch denkbar wäre, daß etwa das psychische Leben dann auftrete, wenn eine bestimmte physikalische Konstellation gegeben sei. Da wir allen Grund haben anzunehmen, daß das primitive psychische Erleben die gleichen Kennzeichen zeige wie das entwickelte, insofern als es auch zweckhaft ist, so könnte man versuchen, den kleinsten Energieeinheiten schon gleichzeitig Zweckbeziehungen als Parallelvorgang zuzuordnen. Freilich bleibt die Frage bestehen, wie denn die Fülle primitiver Psychismen nun doch zu einer einheitlichen Gesamtpersönlichkeit geordnet werde, und wie es denn möglich sei, daß bei einer bestimmten Konstellation von Physikalischem neuerdings ein Psychisches entstehen, daß dem Einfachen schon innewohnte. Man kann nicht für die Fülle der Beziehungen, welche sich zwischen jedem einzelnen Erlebnis und den vorangegangenen Erlebnissen herstellen, immer neue gesonderte physische Parallelprozesse einstellen. Es müßte ja nicht nur für jeden psychischen Vorgang, für jedes einigermaßen isolierbare psychische „Element" ein Parallelprozeß angenommen werden, sondern auch für die Beziehungen aller dieser Elemente zueinander, wobei gleichzeitig auch jedes Element damit eine grundsätzliche Änderung

erfährt. Es handelt sich also nicht bloß um das Problem des Parallel-
vorganges zu dem Aufeinanderbezogensein im allgemeinen, sondern
es müßte eine unendliche große Anzahl von Parallelvorgängen zu den
Beziehungserlebnissen angenommen werden. Es kann aber wohl als
fraglich bezeichnet werden, ob nicht schon der Versuch, zur Zweckhaftigkeit einen physischen Parallelprozeß zu finden, von vornherein
verfehlt sei, es sei denn, man verlege die Zweckhaftigkeit in die kleinsten
physischen Einheiten, was meines Erachtens freilich bereits bedeutet,
daß man den Kern der Welt als psychische Natur oder mit anderen
Worten als zweckhafter Natur ansieht. Ich bin also der Ansicht, daß
für die Zweckhaftigkeit grundsätzlich ein psychischer Parallelprozeß
nicht gefunden werden kann, und daß aus diesem Grunde die Parallelismushypothese abzulehnen ist. Lehnt man aber die Parallelismushypothese
ab, so kommt man zwingend zu einer Wechselwirkungslehre und zu
der Annahme eines spirituellen Agens, das physikalisch grundsätzlich
nicht faßbar ist.

Man verwechsle nicht die Frage nach dem spirituellen Agens mit
der Frage, ob es eine besondere psychische Energie gebe. Diese letztere
Frage ist durchaus nebensächlich, denn für die Trennung der Energie-
arten, etwa Licht, Elektrizität, Schall, mechanische Energie, sind
letzten Endes doch nur recht äußerliche Gesichtspunkte maßgebend.
Bekanntlich tendiert die Physik dahin, hinter allen diesen Energie-
formen etwas grundsätzlich Gleichartiges ausfindig zu machen. Es
gibt für den Physiker im Grunde nur eine Energie, die in wechselnden
Formen erscheint. Die Abgrenzung dieser wechselnden Formen ist
für den Physiker doch mehr oder minder gleichgültig. Es ist also mehr
oder minder nebensächlich, ob man neben den sonstigen Energien
noch eine besondere psychische annehme. Unseres Erachtens ist die
Tatsache, daß mit dem psychischen Erleben bestimmte Energieabläufe
verbunden sind und daß bestimmte Energieabläufe von psychischen
Vorgängen begleitet sind, hinreichend, um eine besondere psychische
Energie anzunehmen. Auch die Parallelismuslehre könnte diese Annahme ohne weiteres machen. Der Anhänger der Wechselwirkungslehre
wird freilich neben den physikalisch faßbaren Energien noch solche
annehmen, welche grundsätzlich physikalisch nicht faßbar sind.

Das Raumproblem und das Zeitproblem

Die physikalische Problematik des Raumes sei erörtert an der Hand
EINSTEINscher[1]) Gedankengänge.

Wenn ein Wagen sich in einer bestimmten Richtung bewegt und
zu einem in der Bewegungsrichtung liegenden festen Punkt ein

---

[1]) l. c.

Signal gibt, das optisch aufgenommen wird, so erreicht das Signal den festen Punkt mit der Geschwindigkeit $c + w$ oder mit der Geschwindigkeit $c-w$, je nachdem ob sich der Wagen dem festen Punkte nähert oder sich von ihm entfernt. EINSTEIN vertritt die Anschauung, daß die Erfahrungen des Elektromagnetismus nahelegen, daß die Lichtgeschwindigkeit c eine konstante sei. Wird aber die Lichtgeschwindigkeit c als konstant angenommen, so muß entweder die Zeiteinheit als verändert angesehen werden, oder die Größe der durchlaufenden Strecke. Die EINSTEINsche Betrachtungsweise stützt sich auf den Versuch von MICHELSON und MORLEY. Im Grunde handelt es sich hier um die Frage, ob der Einfluß der Erdbewegung um die Sonne, welche mit einer Geschwindigkeit von 30 km pro Sekunde erfolgt, wahrnehmbar gemacht werden könne in bezug auf eine Abänderung der Lichtgeschwindigkeit. Mit anderen Worten, ob man nachweisen könne, daß die Lichtgeschwindigkeit mit $c \pm w$ erfolge. In dem Versuch von MICHELSON und MORLEY hätte sich die Zunahme der Lichtgeschwindigkeit in einer Interferenzerscheinung äußern müssen. Die Interferenzerscheinung blieb aus. Es konnte also in diesem Falle $\pm w$ nicht zur Darstellung gebracht werden, die Geschwindigkeit blieb unverändert. Dieser Versuch zeigt aber nicht nur die Konstanz der Lichtgeschwindigkeit, gleichgültig ob das System bewegt ist oder nicht, sondern er verneint auch gleichzeitig in der EINSTEINschen Deutung die Existenz eines ruhenden Bezugssystems, auf das man die Lichtbewegung beziehen könne. Mit anderen Worten, die Existenz des Äthers. So weit spezielle Relativitätstheorie. Sie fügt den Gedanken hinzu, daß es bereits nach den Grundsätzen der klassischen Mechanik als gleichgültig angesehen werden könne, welcher von zwei bewegten Körpern bewegt und welcher als ruhend zu betrachten sei. Die physikalischen Formeln müssen für beide Annahmen Gültigkeit haben. EINSTEIN dehnt seine Betrachtungen auf die Probleme der Zeit aus. Bereits aus dem erst angeführten Beispiel ergibt sich, daß, die Konstanz der Lichtgeschwindigkeit vorausgesetzt, entweder die Größe der Strecke oder die Größe der Zeit als abhängig von der Betrachtungsweise angesehen werden kann. Ein Ereignis, das für einen Punkt eines Bahnkörpers gleichzeitig ist mit einem anderen, ist nicht gleichzeitig für einen Beobachter, der sich im fahrenden Zug befindet. Werden die beiden Ereignisse, deren Gleichzeitigkeit zu bestimmen ist, wiederum in der Fahrtrichtung zu beiden Seiten des Beobachters angenommen, so erreicht das Ereignis A den bewegten Beobachter früher, wenn sich der Zug zu A hinbewegt, während das Ereignis B den Beobachter später erreicht. Gleichzeitigkeit in bezug auf den Bahndamm ist also nicht dasselbe, wie Gleichzeitigkeit in bezug auf den fahrenden Zug. Gleichzeitigkeit ist also abhängig von den Bewegungszuständen des Systems, auf welche sie bezogen wird. In unserem Beispiel ist die Lichtgeschwindigkeit $c + w$, und die Lichtgeschwindigkeit $c-w$ identisch, aber die Zeiten sind in der Richtung der Bewegung und gegen die Richtung der Bewegung verschiedene, man kann aber auch sagen, daß die Strecken ihre Größen je nach der Richtung der Bewegung ändern. LORENTZ hatte ursprünglich zur Erklärung des Versuches von MICHELSON und MORLEY angenommen, daß sich der Äther in der Richtung verkürze, in der die Bewegung stattfinde. EINSTEIN setzt an die Stelle der Verkürzung des Äthers eine Veränderung der Maßstäbe, denn die Maßstäbe erweisen sich von dem Bewegungszustand des Körpers als abhängig. Es ist eine Folgerung der speziellen Relativitätstheorie in Verbindung mit Ergebnissen der Lehre vom Elektromagnetismus, daß das Gesetz von der Erhaltung der Energie und das Gesetz von der Erhaltung der Masse im Grunde nur einen Satz darstelle. Die Relativitätstheorie fordert, daß ein Naturgesetz ebenso wie es bezüglich eines Koordinatensystems K gelte, auch gelte bezüglich eines Koordinationssystems K_1, das relativ zu K sich in gleichförmiger Translationsbewegung befindet. Aus diesen Prämissen in Verbindung mit Grundgleichungen der MAXWELLschen Elektronendynamik folgert EINSTEIN, daß ein Körper durch Aufnahme von Energie seine träge Masse vermehrt. Die träge Masse eines Körpersystems kann geradezu als Maß für seine Energie angesehen werden. Daraus folgt aber, daß die träge Masse nur als eine besondere Form elektrischer Energie anzusehen ist.

Für die Relativitätstheorie ist es von besonderer Bedeutung, daß die Zeit ebenso wie die räumlichen Koordinationen relativiert werden kann. Es geht das bereits aus unseren früheren Betrachtungen deutlich hervor. Die Zeit erscheint also nicht mehr unabhängig von der räumlichen Betrachtungsweise, sie geht als gleichwertiger Faktor mit den übrigen Koordinationen in die Rechnung ein, und Raum und Zeit erscheinen als vierdimensionales Gebilde.

Die allgemeine Relativitätstheorie ist insoferne eine Weiterbildung der speziellen, als die Relativität von Bewegung und Zeit nicht nur in bezug auf gleichförmige Bewegungen, sondern auch in bezug auf beschleunigte Bewegungen behauptet wird. Die wichtigste der beschleunigten Bewegungen ist die Gravitation. Körper, die sich unter ausschließlicher Wirkung des Schwerefeldes bewegen, erfahren eine Beschleunigung, welche weder vom Material noch vom physikalischen Zustand des Körpers im geringsten abhängt. Kraft = schwere Masse mal Intensität des Schwerefeldes, wobei die schwere Masse eine für den Körper charakteristische Konstante ist. Nun hat diese Formel die gleiche Konstitution wie die Formel des NEWTONschen Bewegungsgesetzes: Kraft = träge Masse mal Beschleunigung. Man kann daraus folgern, daß die Trägheitsqualität des Körpers sich bald als Trägheit, bald als Schwere äußert. In der Tat läßt sich durch ein Gedankenexperiment klarmachen, daß träge und schwere Masse einander gleich sind. Ist ein Mann in einem Kasten frei im Weltraum, so gibt es für diesen keine Schwere. In der Mitte der Kastendecke sei außen ein Haken mit einem Seil befestigt und an diesem fange nun ein Wesen mit konstanter Kraft zu ziehen an. Da beginnt der Beobachter in gleichförmig beschleunigtem Fluge nach oben zu fliegen. Der Mann im Kasten wird sich davon überzeugen, daß sich alle Gegenstände in beschleunigter Relativbewegung dem Boden des Kastens nähern. Die Beschleunigung der Körper wird immer gleich groß sein, mit welchem Körper er auch den Versuch ausführen mag. Der Mann im Kasten wird zu dem Resultat kommen, daß er in einem Schwerefelde ruhend aufgehängt ist. Man sieht also, daß das, was für den Beurteiler im Außenraum des Kastens gleichförmig beschleunigte Bewegung ist, für die im Kasten selbst befindliche Person Schwerewirkung ist. Man kann also sagen, daß für den Mann im Kasten ein Gravitationsfeld existiere, während ein solches für den im Außenraum befindlichen Beobachter nicht vorhanden ist. Gleichwohl muß das Wesentliche an der Bewegung der Körper im Kasten von dem Mann im Kasten ebenso dargestellt werden können wie von der Person im Außenraum, und es muß Gleichungen geben, welche die Feststellung gestatten, wie sich ein bekannter Naturvorgang von einem relativ zu K beschleunigten Bezugskörper aus ausnimmt. So erfahren wir, daß ein Körper, der gegenüber K eine geradlinige, gleichförmige Bewegung ausführt, gegenüber einem beschleunigten Bezugskörper wie dem Kasten eine beschleunigte, im allgemeinen krummlinige Bewegung ausführt. EINSTEIN dehnt nun diese Betrachtungsweise auch auf Lichtstrahlen aus. Gegenüber dem GALILEIschen Bezugskörper K pflanzt sich ein Lichtstrahl in gerader Linie mit der Geschwindigkeit c fort, in bezug auf den Kasten ist es leicht abzuleiten, daß die Bahn des Lichtstrahls keine gerade mehr ist. Diese Betrachtungsweise ist auf alle Gravitationsfelder anwendbar, auf alle gleichförmig beschleunigten Bewegungen. Zur Darstellung derartiger Beziehungen reicht allerdings die EUKLIDische Geometrie nicht aus, man bedarf hiezu der Formeln einer nicht EUKLIDischen Geometrie. An Stelle des Bezugskörpers tritt ein GAUSSsches Koordinatensystem, und es ergeben sich für EINSTEIN die allgemeinen Sätze, daß für die felderregende Wirkung der Materie allein deren Energie maßgebend sei, und daß Gravitationsfeld und träge Masse dem Gesetz der Erhaltung der Materie genügen. Da die Maßstäbe und die Zeiten nach den Ausführungen der speziellen Relativitätstheorie von den Bewegungszuständen abhängig sind, so gelten im Rahmen der allgemeinen Relativitätstheorie erst recht bestimmte Maße und Zeiten nicht. Maß und Zeit sind von den Bewegungszuständen abhängig, die aber selbst wiederum von den Massen, das heißt von den Energieverhältnissen abhängig sind. Masse, Raum, Zeit sind demnach keine selbständigen Einheiten, sondern erhalten nur eines durch das andere Sinn.

Fragen wir uns nun nach der Bedeutung dieser Lehre vom Standpunkte der Erkenntnistheorie aus, so ergibt sich, daß sie ja gar nicht bestrebt ist, der Erscheinungswelt gerecht zu werden. Vielmehr handelt es sich ausschließlich um Rechenformeln und um Maßzahlen (vgl. hiezu auch HAERING[1]). Am klarsten wird das bei der Betrachtung des EINSTEINschen Zeitbegriffes. Die biologische Zeit, das Zeiterlebnis, ist unabhängig von jeder Relativitätsbetrachtung. Das Erleben meiner Zeit wird keineswegs dadurch ein anderes, daß der Bewegungszustand des Systems, auf dem ich mich befinde, gegenüber einer anderen Bewegung relativiert wird. BERGSON hat bereits früher hervorgehoben, daß die Formeln der Physik nicht geändert würden, wenn die Zeitgröße einen größeren oder kleineren Wert hätte als in Wirklichkeit, wenn alles Geschehen bald schneller, bald langsamer ablaufe.

Wohl aber würden hiedurch die Erscheinungen des Lebens in fundamentaler Weise abgeändert werden. Auch HAERING[1]) betont die Besonderheit der psychologischen Zeit, die Besonderheiten des Erlebens der Gegenwart. Ja auch die psychologischen Zeittäuschungen entfließen aus ganz bestimmten psychologischen Gesetzmäßigkeiten. Die psychologische Zeit ist gerichtet und es ist durchaus nicht einzusehen, weshalb denn die Qualität einer Zeitrichtung nicht dem Weltbestande als solchem angehören sollte, insbesondere da ja die Entwicklungsgeschichte und die Geologie uns gleichfalls solche Zeitrichtungen kennen lehren. Die Relativitätstheorie liefert uns keine Einsicht in das Wesen der Zeit selbst, sondern belehrt uns nur über die Zeitmessung, über die quantifizierte, jeder Besonderheit entkleidete Zeit.

Die EINSTEINsche Betrachtung des Raumes hat mit der sonstigen physikalischen Betrachtungsweise gemeinsam, daß die Qualitäten des Oben und Unten, des Rechts und des Links vernachlässigt sind, ebenso wie in der EUKLIDischen Geometrie. Auch der EUKLIDische Raum kennt kein Oben und Unten, Vorne und Hinten, Rechts und Links. Wir haben uns natürlich zu fragen, ob diese Qualitäten dem Bestande des Seienden zugehören oder nicht. Im Erleben sind sie ja jedenfalls in besonderer Art und Weise gekennzeichnet.

Hier sind einige Bemerkungen über das psychologische Raumproblem am Platze. Der Raum ist psychologisch etwas Ursprüngliches; irgendwie grenzt sich der Körper von der Welt ab. Körper und Welt sind Korrelatbegriffe. Fasse ich auch ein Ding, so ist das Ding vom Körper getrennt, und zwar räumlich getrennt. Auch dem Körper selbst wird unmittelbar Räumlichkeit zugeschrieben, er wird im taktilen Erlebnis

---

[1]) l. c.

ebenso wie andere Dinge erlebt und hat auch eine rein taktile, wenn auch unbestimmte räumliche Erstreckung. In dem Spalt, welcher sich im taktilen Erlebnis zwischen Körper und anderen Dingen einschiebt, sehe ich das primitivste Raumerlebnis, denn der Körper ist die Erstreckung eines Dinges, und das wahre Raumerlebnis liegt dort, wo sich ein Spalt zwischen den Dingen auftut; besonders aber zwischen dem Ding Körper und der Außenwelt[1]). Letzten Endes berühre ich das Ding nicht, immer ist der Grenzspalt gegeben, mag die ursprüngliche Welt auch noch so nahe an einen Körper heranrücken. Die Angaben Blindgeborener, welche das Augenlicht wiedererlangen, machen es wahrscheinlich, daß auch im primitiven Erleben das Gesehene ganz nahe an den Körper rückt. Alle Sinne sind ursprünglich Nahesinne, alles Wahrnehmen ist ein Wahrnehmen in der Nähe. Ursprüngliches Handeln geht in die unmittelbare Körpernähe; beim Protozoon liegt das Handeln in der Berührung; doch auch beim differenzierteren Organismus ist Handeln zunächst an die unmittelbare Nähe gebunden. Der Raum des Mundes, der Raum der Faust, der Finger; erst späterhin die ganze Reichweite des Armes[2]). Motorisches ist wohl bei jeder Raumauffassung mit konstituierend, aber dort, wo der Raum sich zum Fernraum weitet, dort spielt die eigene Bewegung des gesamten Körpers wohl die entscheidende Rolle, mag auch gelegentlich passiver Körpertransport und die durch ihn vermittelten Sensationen mitwirken. Sicherlich sind an diesem primitiven Raumerlebnis alle Sinne beteiligt. Wahrnehmen heißt in diesem Sinne bereits einen Körper haben, von welchem Dinge räumlich getrennt sind. Es liegt demnach keine Veranlassung vor, mit Gelb und Goldstein[3]) dem Tastsinn die räumlichen Qualitäten abzusprechen und lediglich dem Optischen räumliche Qualitäten zuzusprechen. Die weitere Ausgestaltung räumlichen Erlebens geschieht ja zweifellos unter starker Beteiligung des Optischen, aber alles optische Erfassen wird wiederum von der Motilität, im weitesten Sinne von den Muskelaktionen und von den Tonusverteilungen bestimmt; ich erinnere an die Untersuchungen von Jaensch[4]), nach welchen der optische Größeneindruck mit von den Augenmuskeln bestimmt wird, und ich erinnere an die Untersuchung von Goldstein über Abänderung optischer Eindrücke

---

[1]) Diese Ausführungen nach Hartmann und Schilder: Körperschema u. Körperinneres. Zeitschr. d. ges. Neurol. u. Psychiatrie, Bd. 109. 1927.

[2]) Vgl. hiezu Bühler: Die geistige Entwicklung des Kindes, 4. Aufl. Jena: Fischer. 1924.

[3]) Über den Einfluß des vollständigen Verlustes des optischen Vorstellungsvermögens auf das taktile Erkennen. Zeitschr. f. Psychol., Bd. 83. 1919.

[4]) Über den Nativismus in der Lehre von der Raumwahrnehmung. Zeitschr. f. Sinnesphysiol., Bd. 52. 1921. Kries: Allg. Sinnesphysiol. 1923.

durch Abänderungen des Tonus [1]). Wie sich aus dem primitiven Raumerlebnis das spezialisierte gestaltet, kann hier im einzelnen nicht dargestellt werden, nur scheint es willkürlich, irgend einem der Sinne ursprünglich lediglich zweidimensionales Erleben zuzuschreiben. Primitives
Raumerleben enthält, wenn auch in nicht differenzierter Form, sämtliche
Dimensionen, und wir müssen wohl auch annehmen, daß die HAERINGsche
Grundanschauung, nach welcher es eine unmittelbare Tiefenauffassung
gibt, welche schon durch die Organisation gesichert ist — HAERING
sieht in der Querdisparation der entsprechenden Abbildung auf der Netz-
haut den wesentlichen Faktor des Tiefeneindruckes —, das Richtige
trifft, mögen auch eine Fülle modifizierender Einflüsse hinzutreten.
In jeglichem Bereiche der Psychologie haben wir mit dem Grundsatz
ernst zu machen, daß das Primitive nicht ärmer an Elementen ist, sondern
daß das Entwickelte nur auseinanderlege, was im Primitiven als Keim
bereits enthalten war.

In diesem Sinn ist der Raum eine unmittelbare Gegebenheit.
Er ist Korrelatbegriff der Wahrnehmung und Voraussetzung alles Tuns.
Da der Gegenstand der Wahrnehmung sicherlich allen Sinnen gegeben
ist—die Synästhesie, das Farbenhören und das Tönesehen, ist ein lebendiger
Hinweis hierauf —, so ist der Raum ein Raum der Handlung und allen
Sinnen gemeinsam, mag er sich auch jeweils optisch oder taktil deutlicher
manifestieren. Das sind spätere Spezialisierungen; Räumlichkeit ist
also eine grundsätzliche Form des Tuns. In diesem Sinne hat KANT
recht, wenn er von einer Apriorität des Raumes spricht. Freilich wird
der Raum nicht etwa über die sinnlichen Qualitäten hinüber gestülpt,
es werden nicht qualitative Lokalzeichen im Sinne von LOTZE ins Räumliche übersetzt; sondern jedes Erlebnis ist nur als Räumliches denkbar.
In diesem Sinne hat auch der Raum keine Selbständigkeit den Dingen
gegenüber, wie denn ja sicherlich auch die Raumauffassung erst durch
die fortwährende Berührung mit den Dingen ihre endgültige Gestalt
erhält, mag auch phylogenetisch und ontogenetisch im Organismus
sehr vieles bereits fixiert sein, was letzten Endes doch aus der Berührung
mit der Außenwelt erfloß.

Das Tun des einzelnen orientiert sich zunächst nach dem eigenen
Körper, hier das Rechts und Links, hier das Oben und Unten. Das Wissen
vom eigenen Körper gründet sich auf ein Körperbild, ein Körperschema,
das taktile und optische Einzelelemente enthält, aber es steht dieses
Bild des eigenen Körpers, wie GOLDSTEIN, HOFF und ich gezeigt haben,
unter dem entscheidenden Einfluß von Tonusapparaten, für welche
wiederum die aus dem Vestibularis stammenden Zuflüsse von Bedeutung

---

[1]) Vgl. die Monographie von HOFF-SCHILDER: Über die Lagereflexe
des Menschen. Wien: J. Springer. 1927.

sind. Die Orientierung zur Schwere zu der Vertikalen ist nach den Untersuchungen von MAGNUS und DE KLEYN[1]) vom Otholithenapparat des Innerohres abhängig. Daneben dürften für die Orientierung in bezug auf die Bewegungen des Gesamtkörpers die Bogengänge von wesentlichem Einflusse sein. Darüber hinaus ist auch die optische Wahrnehmung der Senkrechten, wie HOFFMANN[2]) und NAGEL[3]) gezeigt haben, sicherlich nicht nur von optischen Eindrücken abhängig. Die Unterscheidung des Rechts und Links am eigenen Körper, welche mit den Unterscheidungen am Außenraum auf das engste verknüpft ist, ist sicherlich Produkt einer relativ späten Differenzierung, was unter anderem daraus hervorgeht, daß PAWLOW[4]) einen bedingten Reflex, welchen er von der rechten Körperhälfte aus erhielt, auch von dem kontralateral symmetrischen Punkt der linken Körperhälfte erzielte und umgekehrt. Der Raum des Rechts, Links, Oben, Unten erweist sich von sinnesphysiologischen Bedingungen weitgehend abhängig. Ich erinnere daran, daß MACH[5]) gezeigt hat, daß eine Symmetrie rechts—links einer Symmetrie oben—unten nicht gleichwertig ist. Gleichwohl liegen in den höheren Zusammenfassungen dieses sinnlichen Raumes bereits die Ansätze zu seiner Überwindung. Wir sehen optisch nicht etwa den entfernten Gegenstand perspektivisch verkleinert, sondern wir sehen ihn in seiner natürlichen Größe, es sei denn, es setze ein besonderer Abstraktionsprozeß ein, oder es müßten ganz besondere Bedingungen gegeben sein, welche uns aus dem Bereiche des alltäglichen Handelns entfernen, etwa daß wir, von einem Berg hinunter blickend, die Menschen und Häuser verkleinert sehen, etwa daß wir, nach Sonne und Mond blickend, die Größe dieser Gegenstände, welche dem Handeln entzogen sind, nicht richtig einschätzen. Auch zur Wahrnehmung der Symmetriedifferenzen rechts—links, oben—unten im Sinne von MACH gehört eine besondere Einstellung. Überall schließt die endgültige Raumgestaltung an die Gestaltung der Gegenstände, an das Tun und Handeln an. Nun ist Tun und Handeln nicht nur zur eigenen Person orientiert, sondern auch zu den anderen Menschen, daher die begrenzte Bedeutung des Rechts, Links und Oben, Unten. Die Notwendigkeit, auch die blaue Ferne in das Handeln einzubeziehen, nähert bereits den sinnesphysiologischen Raum dem euklidischen weitgehend an, und wir können sagen, daß die Raumwahrnehmung vom euklidischen Raum dort stark abweicht, wo eine unmittelbare Möglich-

---

[1]) Vgl. MAGNUS: Körperstellung. Berlin: J. Springer. 1924.
[2]) HOFFMANN und FRUBÖSE: Über das Erkennen der Hauptrichtung im Sehraum. Zeitschr. f. Biol., Bd. 80. 1924.
[3]) NAGEL: Handbuch der Physiologie, Bd. III, S. 741.
[4]) PAWLOW: Die höchste Nerventätigkeit (das Verhalten von Tieren). München: J. F. Bergmann. 1926.
[5]) Analyse der Empfindungen.

keit des Handelns nicht gegeben ist. Wollen wir ein Handeln über diese Grenze hinaus entfalten, so haben wir der unmittelbaren Wahrnehmung des Raumes zu entsagen und haben uns des Begriffsgebildes des euklidischen Raumes zu bedienen. Wir haben keinen Grund, der Wirklichkeit den sinnesphysiologischen oder den euklidischen Raum abzusprechen, beide stellen Stufen zweckmäßigen Handelns dar und gehören dem Bestande des Wirklichen zu. EINSTEIN leugnet jedoch mit Entschiedenheit die selbständige Existenz des Raumes. Raum könne nur in Verbindung mit Dingen gedacht werden und in Verbindung mit der Zeit. Raum, Zeit, Energie bildeten eine untrennbare Union, die Abmessungen des Raumes seien physikalisch bestimmt. Hier scheint physikalisches Denken letzten Endes wiederum zu ähnlichen Resultaten zu führen wie die sinnesphysiologische Analyse, denn auch diese zeigt, daß das Ding die endgültige Gestaltung des Raumes bestimmt. Freilich haben wir trotz der physikalischen Formulierung keinen Grund, den Raum nicht als ursprüngliches Erlebnis anzusehen. Freilich ist ein Raum, in welchem Handlungen nicht stattfinden, sinnlos. EINSTEIN hat in der allgemeinen Relativitätstheorie gezeigt, daß in einem Gravitationsfeld alles Geschehen unter dem Einfluß der Gravitation steht, und daß dementsprechend der Raum, in welchem sich ein Gravitationsfeld befindet, gekrümmt ist. Der an der Sonne vorbeigehende Lichtstrahl erweist sich als gekrümmt. Mag man einen solchen gekrümmten Raum als nichteuklidisch bezeichnen, mag man für bestimmte Rechnungen eine vierdimensionale oder sphärische Geometrie heranziehen, all das muß letzten Endes doch zum sinnesphysiologischen und zum korrigierten sinnesphysiologischen Raum, dem euklidischen Raum, in Beziehung gesetzt werden. Eine dem alltäglichen Handeln fernabliegende Aufgabe, welche nur durch bestimmte rechnerische Methoden erreichbar ist, kann nicht den Zugang eröffnen zu dem wesentlichen Bestande des Seins, mag sie uns auch immer wieder daran erinnern, daß das, was uns vom Sein im physiologischen und euklidischen Raum zugänglich ist, nicht den Bestand des Wirklichen voll erschöpft. Nun behauptet ja EINSTEIN nicht, der Raum sei nicht euklidisch, sondern er sagt, die jeweilige Raumdarstellung hänge von dem gewählten Bezugskörper ab. Ein Naturgesetz ist nach EINSTEIN erst dann als allgemeines erkannt, wenn es sich in gleicher Form in bezug auf jedes Bezugskörpersystem darstellen läßt. Hier bleibt also die rechnerische Formel der Weisheit letzter Schluß. Physik bekennt sich hier scharf als rechnerisches Hilfsmittel ohne weltanschauliche Bedeutung. In diesem Sinne hat HAERING recht, wenn er in den EINSTEINschen Ideen die Krönung moderner physikalischer Bestrebungen sieht. Aber ein Rechnen und Messen an sich wird sinnlos. In der Tat enthält die EINSTEINsche Weltlehre die Voraussetzung eines Absoluten, nämlich der Konstante c, der Lichtgeschwindigkeit. Nun handelt es sich hier in der Tat um eine ausgezeichnete Größe. Die Wirkungen der Schwerkraft, magnetelektrisches Geschehen, pflanzen sich mit der gleichen Geschwindigkeit fort. Aber setzt nicht hier der Begriff der konstanten Geschwindigkeit einen absoluten Raum und eine absolute Zeit voraus? Der Versuch von Michelson und Morley beweist ja doch nur, daß es für gewisse optische Erscheinungen gleichgültig ist, ob ein Lichtstrahl von einem ruhenden oder bewegten Körper ausgeht[1]). Für diese Physik handelt es sich bei den Lichterscheinungen um Elektromagnetismus, und auch für Einstein ist Masse nur als Energie denkbar. Energie, Raum und Zeit bilden jedoch eine untrennbare Union. Hier erweist sich also die Einsteinsche Betrachtungsweise als ein Verzicht auf Qualitäten und als Rückkehr zu Gemeinsinn, nur daß diesem Gemeinsinn auch ein undifferenziertes Zeit- und Ortserleben zugeschrieben wird. So kehrt Physik auf der höchsten Stufe der Entwicklung sich radikal von allen Differenzierungen ab, die höchste rechnerische Gestaltung wird nur möglich durch den Verzicht auf alle feineren Differenzierungen der Sinne. Letzte Konsequenz des Handelns führte so zur primitivsten Besinnungslosigkeit zurück. Bin ich auch der Ansicht, daß das Chaotische, Undifferenzierte dem Bestande des Seins zugehört, so gehören ihm doch nicht weniger die Errungenschaften der Sinne, Farben, Töne, Gerüche, Geschmäcke zu. Nicht nur die primitive Welt des wertfreien Handelns der Physik, sondern auch die reichere Welt, in welcher sich die Werte in sinnesfroher Weise gestalten.

Mögen noch einige Bemerkungen über die Tendenz dieser Ausführungen hinzugefügt werden. Es handelt sich nicht darum, Physik zu kritisieren, sondern es handelt sich um die Frage, welches die philosophische Bedeutung der physikalischen Ermittlungen sei, und ob es berechtigt sei, Naturbetrachtung lediglich auf Physik zu basieren. Andernteils mußte die Frage untersucht werden, auf welches Erlebnismaterial Physik sich stützte, und ich erachte es für ein wesentliches Resultat dieser Erwägungen, daß jeder der großen physikalischen Lehrsätze und jede der großen physikalischen Lehrmeinungen in sinnesphysiologischen und psychologischen Grundtatsachen begründet seien. Das physikalische Problem der actio in distans oder Kontinuität entschleiert sich ebenso wie das Problem Masse — Energie als Widerspiegelung einer psychologischen Problematik.

---

[1]) Das Resultat dieses Versuches ist jedoch in der letzten Zeit bestritten worden; doch hat Thirring auf Unstimmigkeiten des nachprüfenden Versuches aufmerksam gemacht. (Neue experimentelle Ergebnisse für Relativitätstheorie. Naturwissenschaften, Bd. 14. 1926.)

Zweiter Teil

Das Belebte

Der Organismus

Das Wesen des Psychischen besteht in dem zweckhaften Auf-ein-ander-Bezogensein. Zweck und Sinn bezeichnete ich als Charakteristika des Psychischen, und es erschien unmöglich, Zweck und Sinn als einen Parallel-vorgang der körperlichen Vorgänge anzusehen. Wir haben aber lediglich von der unbelebten, toten Natur gesprochen und man könnte diesen Ausführungen entgegenhalten, daß es in der körperlichen Welt insoferne etwas Entsprechendes gebe, als auch im Organismus die Teile sinnvoll auf das Ganze bezogen sind. Jeder Teil scheint dem Ganzen irgendwie zu dienen. Vielleicht, daß im Körperlichen der Organismus das gesuchte Gegenbild des Psychischen sei, und daß es nur mehr darauf ankomme, den Organismus physikalisch-chemisch zu erklären. Vorausgesetzt, diese Aufgabe gelänge — wir sind von ihrer Lösung weit entfernt —, so wäre es gleichwohl irrtümlich zu meinen, daß nunmehr das Wesen des Organismus bestimmt sei; auch dann würden wir nicht wissen, was den Organismus als solchen kennzeichnet. Aus den physikalischen Formeln kann die Zweckbezogenheit des Organismus nicht abgeleitet werden. Man muß sich endgültig klarmachen, daß das Physikalische unter der Kategorie der Kausalität, der Organismus als solcher aber wie das Psychische unter der Kategorie des Zweckes steht. Beide Be-trachtungsweisen sind unvereinbar miteinander, und der Versuch von Driesch[1]), mit dem Begriff der Entelechie die Physik mit der Organismen-lehre zu versöhnen, ist grundsätzlich verfehlt. Auf seine gleichwohl bedeutsame Lehre sei mit einigen Worten eingegangen. Driesch geht davon aus, daß auch die einzelne Zelle des Zweizellenstadiums eine ganze Larve liefere, und er hat diesen Grundversuch mehrfach variiert. Wenn man etwa im 8- oder 16-Zellenstadium des Seeigeleises die Zellen zwischen zwei Glasplatten preßt, so daß sie zunächst in eine Fläche zu liegen kommen, so kann sich trotzdem noch eine normale Larve ent-wickeln. Man hat also keineswegs das Recht anzunehmen, daß es sich um einzelne vorgebildete Teile handle, sondern in jeder einzelnen Zelle findet sich eine ähnliche Entwicklungsmöglichkeit, welche lediglich von der Gesamtheit des Organismus her bestimmt wird. Driesch scheidet dementsprechend die prospektive Potenz von der prospektiven Bedeutung; die erstere ist größer als die letztere. Nach Driesch ist ein äquipotenzielles harmonisches System — so nennt er Systeme der beschriebenen Art — physikalisch-chemisch nicht deutbar. Seine Argumentation scheint mir aber fehlzugehen; es bedarf wohl keiner

---

[1]) Philosophie des Organischen, 2. Aufl. Leipzig: Engelmann. 1921.

besonders komplizierter physikalisch-chemischer Annahmen, um zu erklären, daß aus der einen Zelle des Zweizellenstadiums eine ganze
Larve werde. In dem Versuch von DRIESCH können wir also keinen
Beweis dafür sehen, daß es physikalisch-chemisch nicht faßbare organische Entwicklungsprozesse gebe. Ich habe übrigens bereits früher
darauf verwiesen, daß die Entelechie naturwissenschaftlich, das heißt
in der körperlichen Welt, überhaupt undenkbar sei; sie kann lediglich
als psychischer Faktor gedacht werden, nicht aber als physischer. Gibt
es im Organismus Dinge, die physikalisch-chemisch nicht faßbar sind,
so sind diese psychischer Natur; sie sind zweckhaft. Keinen Zweck
hat das Agens nicht psychischer Natur. Die Anerkennung zweckhaften
Geschehens ist mit einer naturwissenschaftlich-physikalischen Anschauung unvereinbar. Spielen zweckhafte Faktoren im Weltgeschehen
eine Rolle, so ist die geschlossene Naturkausalität nicht mehr haltbar,
und es muß eine Wechselwirkungslehre an deren Stelle gesetzt werden,
welche einem nicht körperlichen spirituellen Agens eine bestimmte Rolle
im Naturgeschehen zuweist. Von hier aus können wir mit einigen Worten
die Parallelismushypothese von DRIESCH streifen. Er läßt das psychische
Geschehen dem organischen Geschehen, der Entelechie, parallel laufen,
während er der Entelechie einen Einfluß auf das körperliche Geschehen
zuschreibt. Da es sich aber nach unserer Auffassung bei der DRIESCHSCHEN
Entelechie nur um eine Verschleierung des psychischen Agens handelt,
haben wir es letzten Endes mit einer verkappten Wechselwirkungslehre zu tun. ROUX[1]) schreibt dem Organismus als wesentliche Eigenschaften die Fähigkeit der Selbsterhaltung und Selbstvermehrung zu.
Mir scheint es zweckmäßiger zu sein, zu sagen, daß der Organismus
sich Zwecke setze und ein zweckvolles Ganze darstellt.

Vom physikalischen Gesichtspunkte aus muß die Existenz des
Organismus als etwas Unwahrscheinliches bezeichnet werden. Ich
erinnere an die höchst komplizierten chemischen Synthesen, welche
der Organismus vornimmt, und wir können geradezu sagen, daß Tatsache und Existenz des Organismus dem physikalisch Denkenden an
und für sich Schwierigkeiten bereiten müßte. Hier drängt sich neuerdings die Frage auf, weshalb es denn so komplizierte Gebilde überhaupt
gebe, und ob es nicht doch ordnende Prinzipien geben müsse, welche
aus dem Chaos immer wieder neue Synthesen gestalten.

Die Bewegung

Es ist eine grundsätzlich wichtige Frage, ob die Bewegungen der
Organismen mechanisch erklärt werden können oder nicht. Jacques

---

[1]) Das Wesen des Lebens. Kultur der Gegenwart. Teil III, Abt. IV,
1. 1915.

Löb[1]) bemüht sich, zu zeigen, daß tierische Handlungen gesetzmäßig mechanisch aus dem Reiz folgen, und er hat von Tropismen gesprochen, wobei er sich vorstellt, daß die Handlung lediglich durch den Reiz physikalisch-chemisch determiniert sei. Es ist die zwangsmäßige Orientierung gegen bzw. die zwangsmäßige Progressivbewegung zu oder von einer Energiequelle. Er spricht von einem Heliotropismus, von einem Chemotropismus, von einem Galvanotropismus und meint, daß der tierische Organismus gezwungen sei, in physikalisch bestimmter gesetzmäßiger Weise zu reagieren. Die Mücke bewege sich zum Licht, so wie sich der Stein, der losgelassen wird, zur Erde bewegt. Die Schwärmsporen gewisser Algen, die Infusorien reagierten lediglich je nach der Konzentration des Mediums, in dem sie sich befinden, mit positivem oder negativem Chemotropismus, sie strömten zufolge des chemischen Reizes maschinenmäßig der Reizquelle zu oder wendeten sich von ihr ab. Nach Hempelmann[2]) läßt sich die Tropismenlehre in vier Schlagworten zusammenfassen: Strenger Automatismus, das ist völliges Fehlen irgendwelcher Plastizität, Erregungsgleichgewicht spiegelbildlich symmetrischer Rezeptoren, Tonusgleichgewicht spiegelbildlicher Effektoren, Dauerwirkung des Reizes während der gerichteten Einstellung. Wäre diese Anschauung richtig, wäre es wirklich wahr, daß das Tun primitiver Organismen physikalisch-chemisch restlos erklärbar wäre, so müßte die Möglichkeit einer solchen Deutung auch für die Handlungen höher entwickelter Tiere und auch für die des Menschen grundsätzlich gegeben sein. Sind wir Anhänger des Entwicklungsgedankens, so dürfen wir trotz Anerkennung der Verschiedenheiten im einzelnen keine Kluft zwischen den Handlungen des Infusors und denen des Menschen aufreißen.

Bohn[3]), der den Tropismen Bedeutung zuerkennt, führt den Begriff der Unterschiedsempfindlichkeit ein, um das Verhalten der Tiere zu erklären. Vielfach fänden die Reaktionen statt, wenn ein Tier einer Reizverschiedenheit, einem Unterschied ausgesetzt sei. Nun ist diese Definition der Unterschiedsempfindlichkeit nichtssagend. Reaktionen finden immer nur bei Reizunterschieden statt, ja wir können Reize sogar als Veränderungen innerhalb des Milieus bezeichnen, auf welche eine Reaktion stattfindet oder stattfinden könnte.

Bohns Unterschiedsempfindlichkeit ist als mechanischer Begriff gedacht und soll dort die mechanische Deutung ermöglichen, wo die Tropismenlehre versagt. Aber auch er kann nicht widerlegen, daß es neben diesen mechanisch faßbaren Bewegungsdeterminanten auch solche gebe, die mechanisch nicht faßbar sind. Seine Anschauungen sind nicht weniger anfechtbar als die Löbs.

---

[1]) Tropismen. Wintersteins Handb., Bd. IV. 1913.
[2]) Tierpsychologie. Leipzig: Akad. Verlagsgesellschaft. 1926.
[3]) Die Entwicklung des Denkvermögens. Leipzig: Thomas. 1911.

Jennings[1]) hat ausgeführt, daß die Infusorien — er hat an Paramaezien gearbeitet — eine unendliche Fülle von Bewegungen produzieren;
einige von diesen Bewegungen führen das Individuum zum Ziele, und
Jennings spricht dabei von Versuch und Irrtum, wobei er sich die
endgültige Bewegung als ein Selektionsprodukt im Darwinschen Sinne
vorstellt, ohne daß er von einer Wahl im engeren Sinne sprechen würde.
Aber selbst wenn man das Verhalten der niedrigen Organismen vom
Jenningsschen Standpunkte aus betrachtet, ist das motorische Verhalten dieser Organismen noch nicht geklärt. Nach Alverdes[2]) ändern
sich die Reaktionen in rätselhafter Weise, er spricht von Stimmungen.
Auch die Reaktion eines Infusors ist also weit davon entfernt, berechenbar
zu sein, und wir würden zweckmäßiger statt von Tropismen von Handlungen des Infusors zu sprechen haben.

Mag sein, daß es auch Tropismen gebe. C. Schneider[3]) spricht
den beachtenswerten Gedanken aus, sie träten in Erscheinung,
wenn der Organismus unter starken unnatürlichen Reizen stehe.
Man kann jedenfalls an der Existenz eines Galvanotropismus
festhalten. Es mag sein, daß sich das Bereich der Tropismen
noch weiter erstrecke. Neuerdings tritt G. Fränkel[4]) für die
Häufigkeit phototropotaktischer und geotaktischer Erscheinungen
ein. Aber wie immer man über die Tropismen denke, welche Verbreitung
man ihnen zuschreibe, niemals kommt man von dort zur Handlung
und zu einer Erklärung des Verhaltens der Tiere. Ebenso wie ein lebendiger
Organismus, der fällt, den Gesetzmäßigkeiten des freien Falles folgt,
ohne daß damit etwas über das Wesen der Bewegung dieses lebendigen
Organismus ausgemacht wäre, ebensowenig sagt die Existenz von
Tropismen über das Wesen der Bewegung aus.

Versucht man die Bewegungen des Organismus in Tropismen aufzulösen, so nimmt man ihnen ihr ureigenstes spezifisches Gepräge, und
wir haben dann eine Handlung vor uns, die keine mehr ist. All das,
was ich bezüglich der Tropismen ausgeführt habe, kann ziemlich unverändert auf jene Lehre ausgedehnt werden, welche die tierische und
menschliche Handlung aus Reflexen aufbauen will. Selbst zur Erklärung
weniger einfacher Bewegungstypen, wie des Gehens, mußte Graham
Brown auf die Annahme komplizierter Zentren zurückgreifen, ja man
wird wohl überhaupt nicht ohne das Zugeständnis auskommen, daß
es auch in der Bewegung der Organismen ein Moment der Freiheit gebe.
Die tierische Handlung — und sei es auch nur die Bewegung der In-

---

[1]) Das Verhalten niederer Organismen. 1910.
[2]) Neue Bahnen in der Lehre vom Verhalten der niederen Organismen.
Berlin: J. Springer. 1923.
[3]) Tierpsychologisches Praktikum. Leipzig: Veit. 1912.
[4]) Phototropotaktische Meerestiere. Naturwissenschaften, Bd. 15. 1927.

fusorien — als Reflex aufzufassen, verbietet sich nach dem über den Tropismus Gesagten von selbst. Auch hier handelt es sich um Handlungen, das heißt um Geschehnisse, die grundsätzlich nur annähernd berechenbar sind, welche auf einen Zweck gerichtet sind.

Versuchen wir nun, uns die Struktur der primitiven Handlung zu vergegenwärtigen. Jede Handlung hat ein bestimmtes Ziel, in der Handlung richte ich mich auf einen bestimmten Gegenstand, ich intendiere etwas. Das Motiv der Handlung ist, ohne daß wir das hier im einzelnen durchführen, in die Struktur des Intendierten eingebaut. Wenn ich das Zimmer verlasse, weil es kalt ist, so ist die Intention die, die unangenehme Kälteempfindung mit der angenehmeren Wärmeempfindung zu vertauschen. Man darf nicht glauben, daß die Struktur der Willenshandlung um so einfacher sei, je primitiver der psychische Prozeß sich gestaltet. Gerade das Gegenteil ist richtig. Es ist das Kennzeichen primitiver seelischer Erlebnisse, daß sie unendlich viel mannigfaltiger sind, mehr ineinander verwoben, weniger differenziert als die hochentwickelten. Der Primitive und das Kind wollen mit der Nahrungsaufnahme irgendwie das Ganze der Welt erfassen[1]). Die Sexualität ist in dieses Erlebnis viel inniger verwoben als beim Erwachsenen im Zustande des klaren Bewußtseins.

Es ist geradezu das Kennzeichen des klarbewußten Denkens, daß das Einzelne herausschälbar ist, in einem härteren und klareren Lichte steht, sich besser aus dem Hintergrund des Seelischen abhebt. Einfachheit ist also entgegen der üblichen Anschauung Kennzeichen hoher Entwicklung, welche eben darin besteht, daß die unendliche Fülle der Mannigfaltigkeit im Einfachen zusammengefaßt sich entlade. Wir haben z. B. allen Grund anzunehmen, daß bei primitiven Organismen keine Erlebnisse anzutreffen sind, welche sich an Distinktheit mit unseren Gesichts- und Gehörerlebnissen messen können. Nun haben wir in der Reaktion, in der Handlung, wohl stets einen endgültigen Abschluß vor uns und damit ein Einfachwerden, aber es ist doch wohl nicht gleichgültig, ob diese Handlung sich die ganze Welt zum Objekte nahm, wie wir das bei den Infusorien vermuten, oder ob ein distinktes Einzelnes gewollt werde. Wir haben uns daran zu erinnern, daß der „Hautsinn" des Infusors offenbar alle Sinne in sich faßt. Die Tätigkeit des Protoplasmas, des Infusors, ist noch wunderbarer als die des hochentwickelten Organismus. UEXKÜLL[2]) verweist mit Recht darauf, daß sich dort, wo keine Apparate vorhanden sind, das Eigentümliche des Lebens besonders klar offenbaren müsse, und wir haben die formbildende Kraft der Amöbe besonders zu bewundern. Da wir, wie später noch auseinanderzusetzen sein

---

[1]) Ich habe die Dinge im einzelnen in „Seele und Leben" ausgeführt. Berlin: J. Springer. 1923.

[2]) Technische und mechanische Biologie. Ergebn. d. Physiol., Bd. 20. 1922.

wird, der organischen Form grundsätzlich einen Sinn zuschreiben, so muß die Zerlegung der Funktion in eine Fülle von Strukturen gleichfalls einen gewissen Sinn haben, den ich darin suche, daß das Geeinte des Protozoonorganismus im entwickelten Organismus in einzelne Teile zerlegt erscheint, die freilich neuerlich im einheitlichen Organismus zusammengefaßt werden. In der endgültigen Bewegung des hochentwickelten Organismus wird die schließlich doch einheitliche Handlung durch eine Fülle von einzelnen Hilfsapparaten ermöglicht. Was für den ganzen Organismus gilt, gilt auch für diejenigen Teile des Organismus, welche der Bewegungshandlung dienen: Die verwobene Einheit des Primitiven ist beim Hochentwickelten in wohlunterschiedene Einzelapparate zerlegt.

Von wannen kommt uns diese Kenntnis vom Seelenleben des Infusors? Die Schule der Behavioristen[1] leugnet ebenso wie die Lehre von den bedingten Reflexen (PAWLOW, und in etwas veränderter Form BECHTEREW[2]), daß es möglich sei, Tierpsychologie im engeren Sinne zu treiben, man könne lediglich das Verhalten (WATSON) und das objektive Experiment (PAWLOW, BECHTEREW) heranziehen, wenn man verwertbare Resultate erhalten wolle. Aber das Studium der Gedankenentwicklung des Gesunden mittels psychoanalytischer Methode (FREUD) lehrt uns ein primitives seelisches Geschehen kennen; diese unsere psychologische Einsicht und die Ergebnisse der objektiven Untersuchung fügen sich so gut ineinander, daß sich die Folgerung aufdrängt, wir könnten aus unserem eigenen Innern heraus Tierpsychologie treiben[3].

Über den Realitätswert der Wahrnehmung

Wir haben bisher immer wieder die Wahrnehmung als vollgültig betrachtet, als ob sie wirklich zu den Dingen hinführte; wir sind auf dem Standpunkte des naiven Realismus geblieben. Wir haben ihn sogar als Voraussetzung naturphilosophischer Betrachtungsweise eingeführt. Kann aber der naive Realismus der Kritik jener standhalten, welche immer wieder betonen, daß sich hinter der Wahrnehmung noch irgend etwas abspiele? Wir haben den naiven Realismus gegen idealistische Denkweisen zu verteidigen. Die Sinnesorgane scheinen uns, wenn wir den Lauf der geschichtlichen Entwicklung betrachten, in

---

[1] WATSON: Philadelphia: Lippicott. 1919.

[2] Sehr gute zusammenfassende Darstellung BERITOFF: Die individuell bedingten Reflexe. Journ. f. Neurologie und Psychiatrie. 1927. PAWLOW: Über die höchste Nerventätigkeit. München: J. F. Bergmann. 1926. BECHTEREW: Reflexologie. Wien: F. Deuticke. 1926.

[3] Vgl. hiezu den Aufsatz SCHILDER, P.: Über Gedankenentwicklung. Zeitschr. f. d. ges. Neurologie u. Psychiatrie, Bd. 59, 1920, und Seele und Leben. Berlin: J. Springer. 1923.

unmittelbarer Abhängigkeit von der Außenwelt differenziert zu werden, und der Komplikationsgrad etwa der optischen Einrichtung des Auges steht in unmittelbarer Beziehung zu der Mannigfaltigkeit der Qualitäten, welche optisch differenziert werden können. Wenn wir auch begreiflicherweise über die Farbenwahrnehmungen primitiver Organismen nichts Bindendes aussagen können, so spricht doch nichts dafür, daß die Seeanemonen etwa in subtiler Weise auf Farben reagieren; ganz zu schweigen etwa von Farbwahrnehmungen der Protozoen. Bis vor kurzem hat man im Anschluß an Hess[1]) den Bienen und damit den Insekten überhaupt, die Fähigkeit der Farbwahrnehmung abgesprochen und nur den Wirbeltieren Farbwahrnehmung zugeschrieben. Dieser Standpunkt ist durch die Untersuchungen von Frisch[2]) überholt. Er konnte zunächst zeigen, daß Bienen ein sattes Blau und Gelb unterscheiden, rote und grüne Töne können nicht so genau unterschieden werden. Dem entspricht, daß Rot und Grün als Blumenfarben in unserer Pflanzenwelt selten sind. Der entwickelten Funktion entspricht ein entwickeltes optisches Organ.

Wir haben allen Grund, daran festzuhalten, daß es eine Entwicklung in bezug auf die Wahrnehmung gebe, welche auch in der Organbildung verfolgt werden kann. Eine Entwicklung, welche dahin tendiert, daß eine größere Mannigfaltigkeit von Qualitäten distinkt wahrgenommen werde. Ein besonders klares Beispiel bietet der Grottenolm: der Olm ist in seiner Heimat, den Karsthöhlen, farblos und blind. Seine Augen sind verkümmert unter der Haut verborgen, noch am deutlichsten sind sie am Neugeborenen, nach der biogenetischen Regel ein Hinweis auf Abstammung des Olmes von oberweltlichen, sehenden Molchen. Im Tageslicht werden die Olme schwarz, aber die hautbedeckten Augen kommen ins Dunkel, wenn sich in ihnen zu viel Farbstoff einlagert. Im roten Licht ist das nicht der Fall. In Abwechslung mit Tageslicht kann zwischen Pigment und Augenwachstum ein Kompromiß geschlossen werden, der schließlich die Entwicklung dunkelfarbiger, sehender Olme erreicht (Kammerer)[3]). Hier wird es ohne weiteres klar, daß der Mangel des Lichtes das Sehorgan verkümmern läßt, während das Licht die Verkümmerung des Sehorganes verhindert. Wenn auch ein derartiger Versuch nicht beweist, daß die Bildung des Auges unter dem Einfluß des Lichtes geschieht, so führt er doch in die unmittelbare Nähe einer derartigen Annahme, die ja durch die Tatsache nahegelegt wird, daß im Dunkeln lebende Tiere augenlos sind. Das Licht schafft sich das Auge, der Schall das Ohr. Jede wahrgenommene Qualität

---

[1]) Ergebn. d. Physiol. Bd. 20. 1922.
[2]) Sinnesphysiologie und Sprache der Bienen. Naturwissenschaften, Bd. 12. 1924.
[3]) Allgemeine Biologie.

gibt uns einen neuen Hinweis darauf, was in der Außenwelt geschieht, sie macht uns gleichzeitig fähiger, in der Außenwelt zu handeln. Für den Grottenolm ist die Lichtqualität „transzendent". Dieses Transzendente entschleiert sich aber durch Kräfte, welche einerseits der Außenwelt, anderseits dem Organismus zugehören. Wir müssen annehmen, daß dem Organismus die Fähigkeit zugehört, auf die Außenwelt mit einer Formabänderung zu reagieren, durch die ihm die Außenwelt wahrnehmbar wird und sich in ihren Qualitäten allmählich entfaltet. Freilich kommen wir um die Frage nicht herum, weshalb die gleiche Qualität sich in den verschiedenen Organismen verschieden darstelle. Aber hat man nicht diese Verschiedenheiten übertrieben? Handelt es sich nicht darum, daß der eine Organismus nur Teile dessen sieht, was der andere sieht, und daß der eine Organismus nicht in Teile zerlegen und differenzieren kann, wo der andere zu distinkteren Eindrücken kommt. Es handelt sich also auch bei dem Undifferenzierten nicht schlechthin um Falsches, und es wäre sehr wohl denkbar, daß alle diese Ansichten uns etwas vom Realen vermitteln, das in seiner ungemeinen Qualitätenfülle und Kompliziertheit der Struktur freilich grundsätzlich nicht vollständig durchschaubar ist. Wir sind vielleicht sogar imstande, uns ins einzelne gehende Vorstellungen zu bilden. Wir müssen wohl annehmen, daß alle Seiten des wirklichen letzten Endes auf den Organismus irgendwie von Einfluß sind und ihn langsam, aber stetig umbilden. Freilich wird diese Umbildung zunächst nicht das Organ, sondern lediglich die Organbereitschaft schaffen; vielleicht dürfen wir annehmen, daß organbildende Reste der Erregung immer dann zurückbleiben, wenn eine sofortige Reaktion nicht möglich ist und daß auch die Fähigkeit zur Bildung des Sinnesorganes besonders dann hervortreten wird, wenn eine besonders starke Bremsung stattgefunden hat. Der Pigmentfleck der Euglena, eines Einzellers, liegt hinter einem Plasmateil, der als besonders lichtempfindlich anzusehen ist. Vielleicht, daß der Pigmentfleck ursprünglich eine Lokalreaktion des Organismus gegen zu starke Lichteinwirkung ist, welche den Organismus vor allzu starkem Lichte schützt (manche Erfahrungen aus der allgemeinen Lehre von der Pigmentbildung sprechen in solchem Sinne), ohne daß eine Fluchtreaktion eintreten müßte. Gerade dieser Reizschutz[1]) bewirkt aber, daß die Erregungen gestaut werden, welche auf ihn treffen. Hier dürften die Entstehungsbedingungen für das Sinnesorgan liegen. Wahrnehmen würde überall dort um so stärker einsetzen, je länger die Reaktion aufgeschoben wurde. Diese zunächst nur vorläufig geäußerte Annahme erhält ihre Stütze durch gewisse psychologische Erfahrungen, welche darauf verweisen, daß der Bilderreichtum des

---

[1]) Dieser Ausdruck entstammt FREUDs: Jenseits des Lustprinzips.

Erlebens um so größer ist, je weniger Abflußmöglichkeit für die Reaktion, für das Handeln gegeben ist. Wahrnehmung stellt sich demnach wenigstens in gewisser Hinsicht als Produkt seelischer Stauungen dar. Übertragen wir diese Fragestellung, und um mehr handelt es sich uns vorläufig nicht, auf unser Hauptproblem, so erscheint der Organismus überall dort Reaktionen in der Form von Organen zu bilden, wo sich ihm in der Außenwelt ein schwer überwindbarer, ein nicht sofort zu erledigender Widerstand entgegenstellt. Nur solchen nicht abreagierten Dauererregungen käme nach unserer Überzeugung organbildende Kraft zu. Außenwelt heißt in gewisser Hinsicht alles das, was sich unseren Bestrebungen hemmend in den Weg stellt. Es ist fraglich, ob wir das Recht haben, neben solchen Einflüssen nicht auch anzunehmen, daß im Organismus etwas nach der Außenwelt dränge, aber in der Organbildung selbst scheint der Organismus bereits sich der Außenwelt zuzuwenden. Die Bewältigung der Außenwelt, und Wahrnehmung ist nur ein Teil der Bewältigung der Außenwelt, scheint wesenhaftes Ziel organismischen Seins zu sein. Durch die ganze Entwicklungsgeschichte läßt sich der Zug zur Außenwelt verfolgen. Gerade der von UEXKÜLL so ausgezeichnet gegebene Nachweis der verschiedenen Umwelten der Tiere führt unbedingt zu der Annahme, daß das Tier auf die Umwelt eingestellt sei und daß die jeweiligen Einzelumwelten nichts „Falsches“ in sich schließen. Es sind Teilansichten der Welt. Selbst der Schmarotzer und Parasit hat eine wohlgestaltete Umwelt; er erfaßt einen Teil der Außenwelt, zu dem er gedrängt wurde. Er sucht freilich nicht nur die Welt, sondern auch seine Befriedigung, seine Ruhe. Wenn man, wie FREUD, lediglich die regressiven Tendenzen in den Vordergrund stellt, so ist dem entgegenzuhalten, daß eine solche Umwelt doch Anforderungen stellt, und daß im Organismus Triebe und Fähigkeiten liegen, solche Anforderungen zu bewältigen. Es ist nicht richtig, in diesem Geschehen lediglich die Notwendigkeit und nicht auch die Freiheit, die Selbständigkeit und Selbsttätigkeit des Organismus und damit auch des psychischen Erlebens zu sehen.

Freilich verbleibt die Frage, wie denn diese verschiedenen Umwelten sich ineinanderfügen, was sie eint und was macht, daß sie nicht beziehungslos nebeneinander stehen. Das Bindeglied ist offenbar die Handlung. Denn durch sie greift eine Umwelt in die andere ein und gestaltet sie um. Durch die Handlung wird die Umwelt vor Erstarrung bewahrt. Das Wahrnehmungsproblem bleibt jedoch undurchsichtig, solange wir uns nicht mit der Entwicklung der Arten beschäftigt haben.

Soma und Keimplasma

Die Vererbung erworbener Eigenschaften wird von WEISMANN und seinen Nachfolgern auf das strikteste geleugnet. Nach WEISMANN sind Soma- und Keimzellen streng voneinander geschieden. Das Soma kann nicht auf die Keimzellen einwirken; es wäre höchstens denkbar, daß beide durch den äußeren Reiz in ähnlicher Weise beeinflußt würden: Parallelinduktion. Die Besonderheit des Keimplasmas wird auf das schärfste betont. Das Keimplasma ist eine Kontinuität von Generation zu Generation, stellt also gewissermaßen die gerade Linie dar, die die Generationen einer Art von Lebewesen miteinander verbindet, an der das Soma als vergänglicher Seitenzweig sitzt. In der Tat lassen sich die Geschlechtszellen eines Individuums in seiner Entwicklung in wohl abgegrenzten Einheiten rückwärts verfolgen bis zum befruchteten Ei. Man bezeichnet diese kontinuierliche Reihe als Keimbahn. Der typischeste Fall dieser Art ist die von BOVERI entdeckte Keimbahn von Ascaris megalocephala. Er ist dadurch besonders klar, daß bei diesem Spulwurm charakteristische zelluläre Differenzen zwischen den Geschlechtszellen und Körperzellen bestehen; während erstere in ihren Kern vier bzw. bei einer anderen Varietät zwei große schleifenförmige Chromosomen enthalten, besitzen letztere zahlreiche kleine, stäbchenförmige. Das befruchtete Ei enthält vier Chromosomenschleifen. Teilt es sich dann in zwei Furchungszellen, so bleiben sie in einer enthalten, in der anderen aber zerfallen sie in viele kleine Körper, wobei die Schleifenenden zugrunde gehen. Die erstere Zelle gibt dann bei ihrer weiteren Teilung eine Tochterzelle mit Schleifenchromosomen und eine solche, bei deren Zerfall mit der Zerstörung der Schleifenenden die Diminution stattfindet. Die Zelle mit den vier Schleifenchromosomen erweist sich als die Keimbahnzelle. Nur aus ihr gehen später die Geschlechtszellen hervor, alle anderen aber, die die Diminution erfahren haben, geben das Soma mit allen seinen Elementen. Wenn auch die Keimbahn nur ausnahmsweise so klar charakterisiert ist, so hat sich doch in vielen Fällen eine echte Keimbahn durch genaues Verfolgen der Entwicklung von Zelle zu Zelle erweisen lassen, so bei Würmern, Krebsen, Insekten. Eine solche prinzipielle Differenz zwischen Soma und Keimplasma scheint sogar schon innerhalb der einfachen Protozoenzellen durchgehends vorhanden zu sein (nach R. GOLDSCHMIDT[1]). Allerdings bestreitet WEIDENREICH[2]), daß es sich um mehr als Einzelfälle handle; in anderen Fällen sei von einer primären Differenzierung der Geschlechtszellen und einer erbungleichen Teilung im histologischen Sinne nichts festzustellen. Bestünde WEISMANNs und GOLDSCHMIDTs Ansicht zu Recht, so erschiene das Soma als Schmarotzer an der ewig lebenden Keimsubstanz. In vielen Generationen abgeschnittene Mäuseschwänze

---

[1]) Einführung in die Vererbungswissenschaft, 4. Aufl. 1923.
[2]) Das Evolutionsproblem und der individuelle Gestaltungsanteil am Entwicklungsgeschehen. Vorträge über Entwicklungsmechanik der Organismen, herausgegeben von W. ROUX. Berlin: J. Springer. 1921.

bewirken nicht eine Veränderung bei den Nachkommen. Nach WEIS-
MANN bestätigt das Experiment die theoretische Annahme: es gibt keine
Vererbung erworbener Eigenschaften. WEISMANN[1]) spricht von im
Keimplasma liegenden Determinanten, welche Anlagen darstellen für die
Teile des sich entwickelnden Embryos. Viele Tausende solcher Anlagen
setzen ein Id zusammen, welches die Anlagen zu einem ganzen Individuum enthält. Viele Iden sind bei der Entwicklung eines neuen Individuums tätig. WEISMANN leitet die Entstehung der Arten lediglich
ab von der Selektion. Allerdings führt er ein neues Prinzip, die Germinalselektion, ein. Es gibt nämlich eine Regel der Entwicklungslehre, welche
besagt, daß einmal verkümmerten Organen im weiteren Verlaufe
der Entwicklung nicht wieder aufgeholfen werden könne, nicht gebrauchte Organe verkümmern. Es ist das die sogenannte DOLLOsche
Regel. Er nimmt deshalb auch noch einen Kampf der Teile im Keim,
eine Germinalselektion an. Eine einmal benachteiligte Determinante
könne sich nicht ohne weiteres wieder erholen.

Die durchgängige Trennung von Soma und Keimzellen läßt sich
jedoch nicht durchführen. Nach VÖCHTING[2]) ergibt sich, daß nach
den am Pflanzenkörper gewonnenen Erfahrungen in jedem größeren
oder kleineren Komplex lebendiger Zellen, zuletzt in jeder Zelle, die
inneren Beziehungen vorhanden sind, aus denen sich unter geeigneten
äußeren Faktoren das Ganze aufbauen kann. Am Marke des Kohlrabi
(Untersuchungen zur experimentellen Anatomie und Physiologie des
Pflanzenkörpers, 1908) läßt sich dartun, daß aus einem schon differenzierten, aber noch wachstumfähigen Gewebe jede Zellform hervorgehen kann, und zwar je nach dem Orte, den der Experimentator ihr
anweist. Auch bei Tieren kann es nach WEIDENREICH keinem Zweifel
unterliegen, daß der ganze Organismus einschließlich der Geschlechtszellen aus schon völlig differenzierten Somazellen wieder neu gebildet
werden kann. So führen z. B. Experimente DRIESCHS[3]) an der Tunicate
clavellina zu dem Resultate, daß der ganze Organismus einschließlich
der Geschlechtsdrüsen aus dem stehengebliebenen Kiemenkorb regeneriert
werden kann. So läßt sich die Lehre von der völligen Unabhängigkeit
der Keim- und Somazellen nicht halten; was schließlich auch WEISMANN
insoferne anerkannt hat, als er von Nebenidioplasmen in den Somazellen spricht.

---

[1]) Die Selektionstheorie. Jena: J. Fischer. 1909.

[2]) Über die Regeneration der Araucaria excelsa. Jahrb. f. wissenschaftl.
Botanik, Bd. 40. 1904.

[3]) Studien über das Regulationsvermögen der Organismen. Archiv
f. Entwicklungsmechanik, Bd. 14. 1902. Sie werden allerdings von
SCHAXEL bestritten.

Vererbung erworbener Eigenschaften — Modifikationen

Die Anhänger LAMARCKs führen noch eine Reihe anderer Argumente ins Treffen. Sie verweisen darauf, daß im Gebirge gezogene Pflanzen, in die Ebene rückversetzt, noch die Charaktere der Alpenpflanzen zeigten. Dagegen die Anhänger WEISMANNS, es handle sich lediglich um eine Modifikation, diese aber beruhe auf Veränderungen des Soma und verschwinde nach wenigen Generationen. Die eigentliche Erbsubstanz werde auf diesem Wege nicht verändert. So berichtet BAUR über Beobachtungen von JENNINGS an Paramäzienkulturen. Ein hornförmiger Fortsatz eines Tieres bildete sich erst nach fünf Teilungen zurück. Der Spaltpilz Bacillus prodigiosus bildet bei Zimmertemperatur einen dunklen blutroten Farbstoff; wird er bei 30 bis 35° C gehalten, so wächst er weiß. Bringt man nun die farblose Wärmekultur in Zimmertemperatur, so vergehen Stunden, oft Tage, bevor wieder rote Farbe produziert wird. Während dieser Zeit sind aber bereits zahlreiche Zellteilungen erfolgt. Die Zeit, welche eine Modifikation braucht, kann länger sein als die Dauer einer Generation. Bei höheren Tieren ist die Nachwirkung von Außeneinflüssen schon deshalb nicht für die Vererbung erworbener Eigenschaften beweisend, weil bei jedem lebend geborenen Tier die Embryonen einen ganzen Teil ihrer Entwicklung, und gerade den, in welchem sie besonders stark modifizierbar sind, im Mutterleibe durchmachen. Auch die Veränderungen der Giftfestigkeit von Paramäzium, die JOLLOS in einigen Versuchen erzielt hat, Veränderungen, welche sich bei vegetativer Vermehrung geraume Zeit halten, ja sogar über mehrere Parthenogenesen, sogar über einige Konjugationen hinaus bestehen bleiben, sind nur Veränderungen des Protoplasmas und des Makronukleus. Nach Konjugationen geht die Giftfestigkeit oft sofort vollständig verloren (zitiert nach BAUR[1]). Eine andere Reihe von scheinbarer Vererbung erworbener Eigenschaften hat JOHANNSEN[2] als Täuschung erwiesen. Züchtet man, von einem Samenkorn ausgehend, eine große Anzahl großer Pflanzen, so erhält man reine Linien; innerhalb solcher reinen Linien finden sich Schwankungen in der Ausprägung der einzelnen Merkmale, etwa im Gewicht der einzelnen Bohnen. Innerhalb gewisser Grenzen können durch Außeneinflüsse diese Schwankungen vergrößert werden. Kreuzt man nun Exemplare, welche ein Merkmal in der stärksten Ausprägung ausweisen, so bekommt man gleichwohl in den Nachkommen immer wieder die gleichen Variationen. Auch wenn man durch Änderung der Außeneinflüsse besonders große Bohnen erzielt hat, so zeigt die Nachkommenschaft doch immer wieder die gleichen Variationen. Ganz

---

[1] Einführung in die experimentelle Vererbungslehre. Berlin: Borngräber. 1922.

[2] Elemente der exakten Erblichkeitslehre, 2. Aufl. Jena. 1913.

ähnliche Verhältnisse finden sich etwa bei den Paramäzienzuchten von
JENNINGS. Es zeigt sich, daß die Nachkommenschaft der großen und
kleinen Tiere einer einheitlichen Linie, wie man dies auch ausdrückt,
eines Klons, die gleichen Variationen zeigen. Die größten Individuen
eines Klons können nun größer sein als die kleinen Individuen eines
anderen Klons, der im allgemeinen größere Tiere enthält. Man spricht
von transgredierender Fluktuation. Arbeitet man nun mit Mischungen
von reinem Limen, so kann etwa ein gleich großes Individuum der großen
Linie A oder der kleinen Linie C zugehören. Man wird das dem Einzelindividuum nicht ansehen können; erhält man nunmehr bei Auswahl
der großen Individuen schließlich die große Rasse A, so entsteht der
Anschein, als sei auf dem Wege der Vererbung erworbener Eigenschaften
eine Rasse größer geworden. Nun bestehen alle Rassen aus einer Fülle
von kleinsten elementaren, systematischen Einheiten von reinen Linien,
und fast jedes Außenmerkmal ist transgredierend modifizierbar. Aber
könnte eine Dauermodifikation, wenn stärker gefestigt, nicht doch
dauernd bestehen bleiben und würde sie sich nicht dann endgültig als
ererbte erworbene Eigenschaft darstellen können? Für eine derartige
Vermutung spricht zunächst, daß das, was bei der einen Pflanze als
Modifikation auftritt, bei der anderen als erbliche Eigenschaft anzutreffen ist, so etwa bei gewissen Pflanzenarten Dornen und Stacheln,
die Härchen an Blattstengeln und Blättern, das weiße Winterkleid der
Vögel und Säugetiere, das Wollhaar und die Daunen, die Hornschichten
der Epidermis, die Balkenzüge in der Substantia spongiosa sind ganz
gleich, ob sie als Modifikationen oder erbliche Anpassungen entstanden
sind. Manche Varietäten unterscheiden sich überhaupt nur dadurch,
daß die gleiche Eigenschaft bei der einen als Modifikation, bei der anderen
als erbliche Eigenschaft auftritt; so gibt es bei Heracium silvaticum
eine Varietät, bei welcher die Haarflocken nur als Standortsmodifikation
auftreten und eine andere, welche die reichlichen Haarflocken auch
im Waldschatten beibehält.

Vererbung erworbener Eigenschaften

Aber es gibt auch direkte Beweise, daß eine Vererbung erworbener
Eigenschaften möglich ist. So hat CHAUVIN[1]) gezeigt, daß das Axolotl,
je nach den verschiedenen Umständen, sich bald neotenisch fortpflanzt,
bald seine volle Entwicklung erreicht; es wird im ersten Fall im Larven-
zustand geschlechtsreif und verharrt dann dauernd in diesem Zustand.
CHAUVIN gelang es nun, die Tiere dazu zu zwingen, ans Land zu gehen
und sich in diesem Zustande fortzupflanzen. Dieser Fortpflanzungs-
modus wird dann mit den nächsten Generationen auch ohne Zwang

---

[1]) Zeitschr. f. wissenschaftl. Zoologie, H. 76 u. 85. 1875.

beibehalten. Besonders bemerkenswert sind die Versuche von KAMMERER. Der Feuersalamander setzt seine Jungen, vierzehn oder mehr an der Zahl, als kleine kiementragende Larven in das Wasser ab, der schwarze Alpensalamander gebiert nur zwei Junge als fertige Salamander auf dem Lande, seine übrigen Eier entwickeln sich nicht, sondern dienen den beiden Jungen im Mutterleib als Nahrung. KAMMERER zwang nun den Salamander durch Entzug des Wassers, die Jungen so lange herumzutragen, bis er sie als fertige Salamander am Lande absetzen konnte, umgekehrt zwang er dem Alpensalamander die Art des Gebärens seines gefleckten Verwandten auf. Die Nachkommen der abnorm geborenen Jungen des Feuersalamanders gebären nun unter den wiederhergestellten alten Umständen, also bei richtigem Wasserbestand, zwar nicht Vollsalamander auf dem Lande, aber doch Junge in einem der Metamorphose sehr viel mehr als sonst genäherten Zustande und diese in ganz geringer Zahl. Die Nachkommen der im Wasser geborenen zahlreichen Exemplare des Alpensalamanders anderseits suchten abnormerweise das Wasser zum Gebären auf und setzten in dieses zahlreiche kiementragende Larven aus.

Entsprechendes findet es sich auch bei der Geburtshelferkröte Alytes, jener merkwürdigen Art, deren Weibchen die Eier nicht im Wasser absetzt, sondern auf dem Lande, und zwar so, daß das Männchen ihm die Eierschnur aus der Kloake zieht und sich selbst um die Beine wickelt, woher der Name stammt. Erst dicht vor dem Ausschlüpfen der Eier begibt sich das Männchen mit seinen Schnüren ins Wasser und hier schlüpfen die Larven aus, schon viel weiter entwickelt, als sonst ausschlüpfende Kröten- und Froschlarven entwickelt sind. KAMMERER verhinderte nun in einer Versuchsreihe das Absetzen der Larven ins Wasser überhaupt; es schlüpften junge Kröten mit Lungen von abnormer Gestaltung aus. Die Nachkommen dieser „Landlarven" bekamen auch im Wasser, also in die normalen Umstände zurückgeführt, Lungen von der abnormen Form. Auf der anderen Seite unterdrückte KAMMERER die „Brutpflege" des Männchen überhaupt, das Weibchen mußte die Eier ins Wasser setzen. Nach einigen Generationen unter gleichen Versuchsbedingungen war endlich den Nachkommen auch unter den alten Bedingungen der Brutpflegeinstinkt verlorengegangen und der neue Instinkt, nämlich die Eier ins Wasser abzusetzen, an seine Stelle getreten.

Hier werden also erworbene Instinkte vererbt. Aber Instinkt und Form sind einander auf das engste zugeordnet. So besitzen die Einsiedlerkrebse entsprechend ihrem erblichen Instinkt, als Wohnhaus eine Schneckenschale zu beziehen, einen asymmetrischen, der Spiralenaufwicklung angepaßten nackten Hinterleib. Die Schutzfärbung tritt gleichfalls gemeinsam mit einem Instinkt der Ruhestellung auf. Der kleine Krebs, Virbius varians, kann, je nach der Farbe der Algen, auf denen er lebt, eine grüne, rote, braune oder gestreifte Färbung annehmen. Dies Ineinandergreifen von Instinkt und morphologischer Anpassung tritt auch darin hervor, daß sie sich gegenseitig vertreten und ein Instinkt die morphologische Anpassung ersetzen kann. Das ist z. B. bei den Dreieckskrabben der Gattungen Hyas, Maia und Pisa usw. der Fall. Sie befestigen auf ihrem Rückenpanzer Stückchen von Algenpflanzen und Hydroidpolypen, die sie mit ihren Scherenfüßen abgerissen haben und die dort festwachsen und die Stelle des Schutzkleides vertreten. Auch hier entspricht diesem Instinkt aber wieder eine morphologische Bildung. Es sind das kleine Chitinhäkchen auf dem Rückenpanzer, welche bestimmt sind, die Stückchen von Algen und Hydroidpolypen festzuhalten (nach KRANICHFELD[1]).

Der Instinkt

Der Instinkt stellt sich so als Mittelglied zwischen der organischen Form und dem psycho-physischen Erleben dar; ein Eingehen auf seine psychologischen Bestimmtheiten erscheint als unerläßlich. Zunächst ein Beispiel: es ist bekannt, daß auch im Brutapparat erbrütete Vögel, die in ihrem individuellen Leben nie ein Vogelnest gesehen haben, wenn ihnen Gelegenheit zur Paarung gegeben wird, ein Nest zu bauen beginnen und dasselbe annähernd, wenn auch nicht gleich so vollkommen, herstellen wie Artgenossen, die bereits verschiedene Brutperioden hinter sich haben. Die betreffende Reaktionsfolge, sie tritt periodisch im Zusammenhang mit der Brunst ein und fehlt bei kastrierten Tieren, gelangt mit der Fertigstellung des Nestes zum Abschluß. Es genügt, den Tieren das eben fertiggestellte Nest wegzunehmen, um dieselbe Reaktionsfolge zwei-, dreimal hervorzurufen. Anderseits kann man dieselbe auch schon oft im Beginn abschneiden, indem man den Tieren, bevor sie noch zu bauen angefangen haben, ein fertiges Nest zur Verfügung stellt. Diesen Einfluß auf die Nestbaureaktionen übt aber nur ein Nest von bestimmter Form, Größe und Konsistenz, weicht die Form sehr erheblich von derjenigen ab, die der betreffenden Vogelart ureigentümlich ist, ist das Ganze viel zu groß oder viel zu klein, besteht es aus harten oder nicht hinreichend trockenen Stoffen, so übt es, nachdem es eingehend von den brüte-lustigen Vögeln untersucht worden ist, entweder keinen weiteren Einfluß auf ihre Nestbaureaktion aus; das zu ihrer Verfügung gestellte Gebilde wird dann nicht weiter beachtet und der Bau eines eigenen Nestes begonnen oder aber es wird gründlich umgebaut, das Unpassende entfernt,

---

[1]) Die Geltung der von W. ROUX nachgewiesenen Gesetzmäßigkeiten auf dem Gebiete phylogenetischer Entwickelung. Vorträge über Entwickelungs-mechanik der Organismen von ROUX, H. 31. Berlin: J. Springer. 1922.

das Fehlende ergänzt, und zwar dies in unserem Falle von Organismen,
die in ihrem individuellen Leben niemals ein Nest ihrer Art erblickt haben
und keine individuelle Erfahrung über Eier und Junge besitzen, die
sie bald darauf zur Welt bringen, ausbrüten und großziehen werden;
ganz ähnlich verhalten sich auch Bienen, die selbst noch nie natürliche
Waben gesehen oder an ihnen mitgebaut haben, angefangenen Kunst-
waben gegenüber, die der Mensch ihnen zur Verfügung stellt. So korri-
gieren sie z. B. die künstliche Wabe, wo sie von der scharfen Senkrechten
abweicht (nach SEMON[1]). Weiterhin sei eine Beobachtung von J. H.
FABRE[2]) angeführt: Eine Grabwespe (Sphex) macht eine Höhle, fliegt
nach Beute aus, die, durch einen Stich wehrlos gemacht, an den Eingang
der Höhle gebracht wird, und dringt, bevor sie die Beute hineinschleppt,
stets zuerst in die Höhle, um zu sehen, ob hier alles in Ordnung ist.
Während die Wespe in ihrer Höhle ist, brachte FABRE die Beute auf eine
kurze Entfernung beiseite. Als die Wespe wieder herauskam, fand
sie bald die Beute und brachte sie wiederum an den Eingang der Höhle,
worauf aber der instinkte Zwang eintrat, die eben untersuchte Höhle
abermals zu untersuchen, und so oft FABRE die Beute entfernte, so oft folgte
auch das weitere aufeinander, so daß die unglückliche Grabwespe im
gegebenen Fall die Höhle vierzigmal untersuchte (nach SEMON). Die
Instinkthandlung hat offenbar mit der Willkürhandlung gemein, daß
sie einen Gegenstand hat, nach welchem sie zielt. Dieser Gegenstand
zeichnet sich freilich in unbestimmteren Umrissen ab, aber kennen
wir nicht auch aus der Psychologie des Menschen solche unbestimmte
Gegenstände? Die Psychoanalyse hat uns gezeigt, daß es ein besonderes
primitives Erleben gibt, das Erleben des „Unbewußten", welches dadurch
gekennzeichnet ist, daß die Triebrepräsentanzen miteinander Ver-
schmelzungen eingehen, Verschiebungen, Verdichtungen, Symboli-
sierungen. So stellt sich eben die Furcht vor dem Vater als Furcht
vor Gott, Kaiser u. dgl. mehr dar, der unbewußte Wunsch nach Sexual-
befriedigung kann sich immer in wiederholten Symbolhandlungen zu
befriedigen trachten, bis endlich doch die wirkliche Befriedigung erreicht
wird. Wenn also auch gesetzmäßig ein Ziel der primitiven Handlung
gegeben erscheint, so ist dieses Ziel doch nicht in differenzierter Weise
gegenwärtig, und verhält es sich denn bei der Willkürhandlung um sehr
vieles anders? Die Analyse einfacher Handlungen zeigt immer wieder,
daß die zu erreichende Haltung oder Lage des Gliedes keineswegs vollständig gegeben ist, sondern zunächst in der Form eines undifferenzierten
Gesamtentwurfes, der sich erst allmählich differenziert, wobei senso-
motorische Regulationen, welche sich außerhalb des Bewußtseins abspielen, von wesentlichster Bedeutung sind. Man pflegt im allgemeinen

---

[1]) Die Mneme, 3. Aufl., S. 270. 1911.
[2]) Souvenirs entomologiques. Paris. 1879—1882.

die Bewußtheit der Willkürhandlung und des willkürlichen Zieles wesentlich zu überschätzen. Auch der nestbauende Vogel hat offenbar ein solches Allgemeinschema vor sich, das er durch die Handlung zu verwirklichen trachtet. Daß sich die Entwicklung dieses Schemas und der damit gegebenen Reaktionen offenbar nicht im klaren Bewußtseinslicht vollzieht, unterscheidet diese Instinkthandlung nur quantitativ von der Willkürhandlung, bei welcher halbbewußte und unbewußte somatische Regulationen gleichfalls von wesentlichster Bedeutung sind. Wir folgen hier wieder nur unserem Grundsatz, daß wir aus der Analyse des menschlichen Erlebens Anhaltspunkte dafür zu gewinnen trachten, was etwa im primitiven Organismus im Erlebnis vonstatten gehe. Auch die primitive menschliche Handlung erweist sich als weniger bestimmbar von der äußeren Realität. Der Mechanismus eines hysterischen Anfalles wird immer dann eingeschaltet, wenn die äußere Situation auch nur im entferntesten unbefriedigend wird. Der Mechanismus tritt immer nur als Ganzes in Funktion. Er kann auch nicht in seine Teile zerlegt werden, auch wenn der einzelne Teil besser passen würde. Das gleiche gilt auch von hirnpathologischen Fragen. Auch bei der Aphasie steht, wie RIEGER sich ausdrückt, häufig nur das Legato zur Verfügung, während das Staccato nötig wäre. Es ist nur ein scheinbarer Gegensatz, wenn wir umgekehrt sehen, daß gelegentlich immer wieder nur das Einzelne getan werden kann und das Einzelne nicht zum Ganzen gefügt werden kann. Das Staccato kann nicht zum Legato gefügt werden. Alle Fälle des Instinktes lassen sich mit solcher Behandlungsweise erfassen. Aber, wie in diesem Buche wiederholt dargestellt werden wird, die Analyse der hysterischen Reaktion zeigt uns, daß durch ein Erlebnis eine Weichenstellung erzwungen wurde. Die Weichenstellung verdankt einem Gelegenheitsapparat ihre Entstehung. Instinkte erweisen sich also als dem Unbewußt Psychischen, das wir in der Analyse kennenlernen, außerordentlich nahe verwandt. In diesem Sinne vergleichen wir den Instinkt einem hysterischen Symptom, sehen in ihm einen fixierten Gelegenheitsapparat, wobei wir die Vorstellung haben, daß diese Fixierung nicht so fest ist wie das, was endgültig zur Form erstarrte.

Problem der Weichenstellung

Es ermangelt offenbar nicht einer tieferen Bedeutung, daß es gerade die Instinkte sind, an welchen der Nachweis der Vererbung erworbener Eigenschaften bisher am einwandfreiesten geglückt erscheint. Nun sind die Einwände gegen die Vererbung erworbener Eigenschaften zum Teil grundsätzlicher Art. Soll eine Modifikation des Soma auf den Genotyp übertragen werden — und das muß geschehen, wenn sie vererbt werden soll —, so müßte, wie ROUX sagt, „außer der Übertragung selber noch eine Implikation stattfinden", das heißt eine „Zurückverwandlung von Entwickeltem in Unentwickeltes" und eine „Einfügung desselben in die rechte Stelle der implizierten Struktur des Keimplasmas". Ein solcher „rückläufiger Entwicklungsprozeß" ist aber ein Problem, das mechanisch so wenig lösbar ist „wie das Problem eines Telegraphen, welcher ein in deutscher Sprache aufgegebenes Gedicht in chinesischer Sprache niederschreiben soll" (WEISMANN). Aber ist die Theorie der Parallelinduktion etwa verständlicher? Wir wissen z. B. aus den Versuchen von STANDFUSS, daß Puppen des Nachtfalters, Frosttemperaturen ausgesetzt, Schmetterlinge liefern, die im Vergleich zu normalen düsterer gefärbt und deutlicher schwarz gezeichnet sind. Ein Teil der Nachkommen ist abermals verdüstert, die Männchen stärker als die Weibchen, trotzdem sie bei normaler Temperatur aufgezogen wurden. Ähnliche Wirkung hat beim Stachelbeerspanner die heiße Aufbewahrung von normal hellfarbigen abstammenden Puppen. Ähnlich werden die Versuche von TOWERS[1]) an dem Käfer Leptinotarsa gedeutet. TOWERS erzielte durch abnorme Temperatur und Feuchtigkeit erhebliche Änderungen der Größe und Färbung. Dabei ergeben sich nun die folgenden, höchst beachtenswerten Sonderergebnisse. Beeinflußte er nur die Larve, so veränderte sich an dem aus ihr sich bildenden Käfer nichts und ebenfalls an den Individuen der nächsten Generation nichts. Beeinflußte er die Puppe (gleichgültig, ob auch die Larve beeinflußt war oder nicht), so war der aus ihr entstandene Käfer verändert, aber nicht seine Nachkommen. Beeinflußte er Puppe und Käfer, so wurden der Käfer und die Nachkommen gleichsinnig verändert. Beeinflußte er den schon fertigen jungen Käfer, so wurde dieser nicht mehr, wohl aber die Nachkommen verändert. Aber bleibt es nicht auffällig, daß die Veränderung von Soma und Keimzellen in der gleichen Richtung verläuft? Ist nicht hier ein mechanisch ebenso schwer lösbares Problem vorhanden? Spricht nicht auch dieser Befund für eine tiefe Wesensgemeinschaft zwischen Soma und Keimplasma? Daß der bereits fertige Käfer nicht mehr verändert wird, ist ja schon deswegen nicht verwunderlich, weil wir ja allgemein wissen, daß Plastizität und Anpassungsvermögen nur dem Werdenden zugehört. Unter Umständen kann die Periode der Beeinflußbarkeit außerordentlich weit zurückliegen. Es ist lange bekannt, daß an einem und demselben Baume die Blätter einen ganz verschiedenen anatomischen Bau haben, je nachdem ob sie an einem stark beschatteten Ast etwa im Innern der Baumkrone oder ob sie an einem gutbelichteten Aste sitzen. Lichtblätter der Buche z. B. haben zwei Schichten Palisadenzellen, Schattenblätter dagegen nur eine. Die kritische Periode für die Bestimmung des Blattbaues, ob ein

---

[1]) Carnegie Inst. Publ. 1906

Licht- oder ein Schattenblatt daraus werden soll, liegt hier schon in sehr jungen Stadien, noch in den geschlossenen Knospen, die im Sommer schon für das nächste Jahr ausgebildet werden und dann im nächsten Frühjahr erst austreiben. Ein Ast, der im Sommer 1910 gut belichtet war, bildet also im Jahre 1911 Blätter mit dem Bau der Lichtblätter aus, auch wenn man ihn ganz schattig hält, und umgekehrt, ein Ast, der im Sommer 1910 im Schatten war, bildet 1911 Schattenblätter aus, auch wenn er denkbar günstig belichtet wird. Es werden eben die Blätter für das nächste Jahr in den Knospen schon bis zu einem gewissen Entwicklungsstadium vorgebildet und offenbar ist in diesem Entwicklungsstadium der anatomische Bau schon ziemlich weitgehend festgelegt (BAUR).

Offenbar muß die Weichenstellung zu einer bestimmten Zeit erfolgen. Jetzt können wir neuerdings zu unseren Problemen zurückkehren: „Der im Tiefland gezogene Sämling einer Alpenpflanze erfährt, wie bekannt, die oft von der Hochlandsform stark abweichende Tieflandsmodifikation. Sät man aber den Samen der Tieflandsform wieder im Hochland aus, so erscheint von neuem die unveränderte alpine Form. Diesen Versuch kann man aber mit derselben Pflanze beliebige Male wiederholen. Ein ausgegrabener Stock, welcher sich bereits zur Hochlandsmodifikation entwickelt hat, geht in die Tieflandsmodifikation über, wenn er ins Tiefland zurückversetzt wird." Aber ein derartiges Beispiel zeigt lediglich, daß die Modifikationsfähigkeit erhalten bleibt. Eine erbliche Fixierung einer erworbenen Eigenschaft kann also lediglich bestehen in einem Verlust der Modifizierbarkeit in einer bestimmten Richtung. Ein solcher Verlust kann entweder dadurch erfolgen, daß eine solche Modifizierbarkeit lange nicht geübt wird. Die Fähigkeit der Modifizierbarkeit würde dann bei Nichtgebrauch verkümmern. Wir haben Grund anzunehmen, daß derartiges in der Tat von Bedeutung sei. Erblichkeit durch Erwerbung käme demnach durch Verlust der Modifizierbarkeit zustande. Diese ganze Lehre setzt voraus, daß ein grundsätzlicher Unterschied zwischen Soma und Keimzellen nicht besteht. Wie immer man die Leptinotorsaversuche in einzelnen deuten möge, sie beweisen doch, daß Soma und Keimzellen im wesentlichen gleichsinnig reagieren. Fassen wir unser Problem so, so ergeben sich sehr bedeutsame Beziehungen zu Gedächtnisproblemen, wie dies ja SEMON bereits erkannt hat. Das Nichtverwerten einer Modifikationsfähigkeit erscheint analog dem Nichtverwertenwollen bereit liegenden Gedächtnismaterials. Eine bestimmte Situation zwingt eine Einstellung nach einer Richtung auf, so daß andere Einstellungen dauernd unterdrückt erscheinen. Das Wesentliche bei den Modifikationen ist ja, daß sie eine sinnvolle Antwort auf das Außengeschehen darstellen. Die Lehre von der Vererbung erworbener Eigenschaften ist also gleichzeitig auch eine Lehre von der

Sinnhaftigkeit phylogenetischer Zusammenhänge, ist gleichzeitig auch eine Lehre von der Einheit des Körpers, indem sie eine grundsätzliche Trennung zwischen Soma und Keimzellen nicht zuläßt.

Einige weitere Argumente seien hinzugefügt. Nicht gebrauchte Organe degenerieren und werden in der Folge überhaupt nicht gebildet. Alle höhlenbewohnenden Tiere sind blind. Nach BLEULER[1]) sind Flöhe und Wasserasseln in bezug auf die Augen um so mehr rückgebildet, je älter das Bergwerk ist, in welchem man sie findet. Vom Grottenolm war bereits die Rede. Er kann sehend gemacht werden, wenn er der Einwirkung des Lichtes ausgesetzt wird. Auch an die weitgehenden Rückbildungen ist zu erinnern, welchen der Organismus der Parasiten ausgesetzt ist. So ist etwa bei den Krebsen Sacculina die Krebsnatur nur mehr aus der Entwicklungsgeschichte kenntlich. Da es für Auslese im Sinne der Zuchtwahl vollständig gleichgültig ist, ob das nicht gebrauchte Organ bestehen bleibe oder nicht, so muß wohl die Funktion als solche für das Bestehen oder Vergehen des Organs von Bedeutung sein. Man macht der Lehre von der Vererbung erworbener Eigenschaften, wie erwähnt, den Einwand, daß eine Zurückverwandlung von Entwickeltem in Unentwickeltes stattfinden müsse und noch dazu eine Einfügung an die richtige Stelle des Keimplasmas. Aber derartige Einwände verkennen Einheit und Eigenart des Organismus. Wir kennen diese vom eigenen Denkakt her, wie noch später eingehender auseinanderzusetzen sein wird. Der Denkakt baut sich nicht nur auf der ganzen Vorgeschichte des Individuums auf, sondern immer wieder werden die Denkmaterialien von neuem zueinander in Beziehung gebracht, und die vergangenen Erlebnisse treten gerade an jener Stelle auf, an welcher es der Sinn des jeweiligen Denkaktes erfordert. Es gibt im Denken keine Vergangenheit schlechthin, sondern der entwickelte Denkakt wird immer wieder ins Unentwickelte rückübertragen und im Zusammenhang mit der jeweiligen Aufgabe neu gestaltet. Die neuere Physiologie gibt uns sogar einen Hinweis darauf, in welcher Weise die Beeinflussung des Keimplasmas durch das Soma erfolgen könnte. Nicht nur, daß auf dem Wege der Blutgefäße jeder Teil des Körpers unter nervösem Einfluß steht, sondern jedes Erleben, jeder Affekt bewirken Veränderungen der inneren Sekretion, welche Abänderungen im Ionengleichgewicht und der Elektrolytenkonzentration bewirken. Die KRAUSsche Schule[2]) setzt die Wirkung der Kalzium- und Kaliumionen der Wirkung der inneren Sekrete gleich. Wir wissen also von einem intimen Zusammenhang, welcher zwischen den einzelnen Teilen des Körpers besteht. In

[1]) Die Psychoide als Prinzip der organischen Entwicklung. Berlin: J. Springer. 1925.

[2]) Z. B. ZONDEK: Stellung der Elektrolyte im Organismus. Klin. Wochenschr., Bd. 4. 1925.

diesem Zusammenhang ist es wiederum sehr bedeutsam, daß O. Löwi[1]) gezeigt hat, daß die Funktion des Herzens auf nervöse Erregung hin seinen Stoff liefert, der wiederum eine Erregung des Herzens im gleichen Sinne bewirkt. Bei diesem engen sinnhaften Zusammenhang der Funktionen des Körpers kann eine Möglichkeit der Beeinflussung der Keimzellen durch Veränderung anderer Organe nicht in Abrede gestellt werden. Im übrigen darf man sich durch die scheinbare Kompliziertheit der Organe nicht darüber täuschen lassen, daß das Organ im wesentlichen nur durch Einstülpen und Faltenbildung zustande kommt. Diese beruhen jedoch auf Wachstumshemmung und Wachstumsförderung; durch das gleiche Prinzip wird die Wachstumsrichtung bestimmt. In der Vererbungstheorie von GOLDSCHMIDT sind ähnliche Gedanken im einzelnen ausgeführt. Die Schwierigkeit, die Vererbung erworbener Eigenschaften zu verstehen, sind also keineswegs allzu groß. GOLDSCHMIDT[2]) steht zwar im wesentlichen auf neodarwinistischem Standpunkt. Aber das Gen (siehe später) ist für ihn eine chemisch faßbare, quantitative Größe und in seinen Intersexualitätsexperimenten handelt es sich für ihn um quantitative Unterschiede von Enzymen. Es ist nicht einzusehen, warum gerade diese Enzyme (GOLDSCHMIDT selbst vergleicht sie Hormonen) so völlig außerhalb des Einflusses des Organismus stehen sollten. Hiezu kommt, daß die Experimente STIEVES[3]) zeigen, daß gerade die Keimdrüsen auf Einflüsse der Umwelt besonders ansprechen.

Die Vererbungssubstanz

Doch bevor wir uns eingehender mit der Frage nach der Vererbung erworbener Eigenschaften beschäftigen, wenden wir uns dem Problem der Vererbungssubstanz zu. Was wird denn im Grunde vererbt? BAUR hat mit Recht darauf hingewiesen, daß Jalapa mirabilis je nach der Temperatur weiß oder rot blühe. Die Eigenschaft ist aber nicht das Weiß- oder Rotblühen, sondern das „Je-nach-den-Umständen-Weiß- oder-Rotblühen". Auch bei der einfachen MENDEL-Spaltung werden nicht etwa Eigenschaften als solche vererbt. Erinnern wir zunächst an die einfachen Tatsachen der MENDEL-Spaltung. Kreuzen wir etwa eine schwarze Henne mit einem weißen Hahn, so entsteht ein blaugrauer Bastard. Kreuzt man nun zwei Individuen dieser Tochtergeneration miteinander, so haben wir nunmehr ein schwarzes Huhn, zwei blau-

---

[1]) PFLÜGERS Arch. f. d. ges. Physiol., Bd. 189, Bd. 193. 1921. Vgl. auch ABDERHALDEN: Über das Wesen der Innervation in Beziehung zur Inkretbildung. Klin. Wochenschr., Bd. 1. 1922.

[2]) Physiolog. Theorie der Vererbung. J. Springer. 1927.

[3]) Die Abhängigkeit der Keimdrüsen vom Zustand des Gesamtkörpers. Naturwissenschaften, Bd. 15. 1927.

graue und ein weißes Huhn vor uns. Wenn man nur eine genügend große Zahl von Nachkommen erzielt, denn die Gesetze der MENDEL-spaltung sind Gesetze der Wahrscheinlichkeit. Wir wissen, daß vor der Vereinigung der Sexualzellen miteinander mehrfache Teilungen stattfinden, zunächst zwei Reifeteilungen. Die erste dieser Reifeteilungen verläuft unter der Spaltung jeder einzelnen Kernschleife, Äquationsteilung. Bei der zweiten bleiben jedoch die Kernschleifen ungeteilt und wandern als ganze Stücke in die Zellhälften. Die frühere Chromosomenzahl erscheint nun auf die Hälfte reduziert, die früher diploide Zelle wird nunmehr haploid; bei der Vereinigung der Keimzellen entsteht nunmehr neuerdings die diploide Zahl. In der ersten Generation vereinigen sich demnach die Haplonten beider Eltern, es werden dann in jeder Zelle beide Eltern vertreten sein. Kreuzt man nun zwei Tiere miteinander, bei welchen die beiden haploiden Sätze verschieden sind — wir bezeichnen sie als heterozygotisch, im Gegensatz zu den homozygotischen Individuen, in welchen der diploide Chromosomensatz aus zwei gleichartigen Haplonten besteht —, so müssen sich nach den Gesetzen der Wahrscheinlichkeit einmal treffen ein „schwarzer" Haplont mit einem „schwarzen" Haplont, das nächste Mal ein schwarzer mit einem weißen, das nächste Mal wiederum ein weißer mit einem schwarzen und schließlich zwei weiße. Wir haben also dann eine Generation vor uns, welche in der Art und Weise spaltet, daß zwei homozygotische und zwei heterozygotische Individuen vorhanden sind. Kreuzungen der heterozygotischen Individuen müssen immer wieder in der beschriebenen Weise aufspalten, während Kreuzungen homozygotischer Individuen untereinander immer wieder die gleichen homozygotischen Individuen ergeben. Heterozygotische Individuen müssen nun nicht einen Typus darstellen, welcher zwischen den beiden Eltern steht, einen Intermediärtypus darstellen, sondern es kann, wie in den berühmten Pisum-sativum- (Saaterbse-) Kreuzungen von MENDEL, das Merkmal des einen Elters das Bild beherrschten. Wir sprechen dann von Dominanz. So entstehen etwa bei Kreuzung der roten mit der weißen Saaterbse ausschließlich rote Blüten in der ersten Tochtergeneration — Rot ist dominant über Weiß. Wo immer ein Chromosomensatz einer roten Blüte mit dem Chromosomensatz einer weißen Blüte zusammentrifft, zeigt sich rote Blütenfarbe. Dementsprechend finden wir in der Enkelgeneration immer drei rote und eine weiße Blüte, die eine mit der andern gekreuzt, ergibt nur immer weiße Blüten. Von den drei übrig gebliebenen roten Blüten ergibt eine bei Selbstbefruchtung oder mit ihresgleichen gekreuzt, nur rote Blüten, sie ist homozygot, während die heterozygoten restlichen roten Blüten miteinander gekreuzt oder bei Selbstbefruchtung wiederum nach dem Verhältnis 3:1 aufspalten. Der wahre Sinn der MENDELschen Gesetze liegt darin, daß einmal vorhandene Eigenschaften im Laufe der Spaltungen immer wieder herausgelöst in Erscheinung treten können. Man sieht aber sofort, daß im Saaterbsenbeispiel das Erscheinende, der Phänotypus, bei zwei Individuen, welche einen grundverschiedenen Chromosomenbestand und damit zwei verschiedene Vererbungsmöglichkeiten aufweisen, gleich sein kann. Der Phänotypus muß vom Genotypus unterschieden werden. Es ist nur eine Komplikation dieser einfachen Gesetzmäßigkeit, wenn, wie etwa in der Farbe des Hafers, der mehr oder minder rötliche Farbenton von vier unabhängig voneinander mendelnden Grundunterschieden (Faktoren, Genen) abhängig ist, oder wenn eine Eigenschaft nur bei Gegenwart eines anderen Faktors in Erscheinung tritt. Wir müssen sagen, daß scheinbar neue Eigenschaften entstehen können durch das Zusammentreffen von Genen, welche jedes für sich allein diese neue Eigenschaft nicht bedingen würden. Man sieht, wie verkehrt es wäre, im Gen eine Eigenschaft schlechthin zu erblicken. Gene sind vielmehr etwas, was grundsätzlich hinter den Eigenschaften liegt. Möge man die Gene noch so sehr als konstant betrachten, so ist doch die „Faktorenkoppelung" mit einer Ausschaltung einer Reihe von Möglichkeiten verbunden. Sind nicht äußere Einflüsse hiebei von Bedeutung? Zumindest muß man sich vor Augen halten, daß der gegenwärtige Stand der Lehre von MENDEL-Kreuzungen unbefriedigend ist, weil diese Lehre weder das Eintreten der Mutation erklärt, noch auch einen Hinweis darauf gibt, weshalb dieser oder jener Vererbungsmodus, z. B. Dominanz, Faktorenkoppelung, eintrete. Wenn wir uns auch heute bereits ein Bild machen können von der Anordnung der einzelnen Gene im Chromosom, dank der Forschungen von MORGAN und seinen Schülern, so bleibt doch methodisch immer wieder die Frage offen, ob nicht äußere Faktoren, welche auf das Soma oder das Keimplasma einwirken, im Einzelfalle bestimmen, welche von den Möglichkeiten der Gene realisiert werden.

Mutation

Die Gegner der Lehre von der Vererbung erworbener Eigenschaften müssen Variationen im Keimplasma annehmen. Diese Varianten erfolgen nach ihrer Ansicht von innen heraus. Sie sprechen dann auch von Mutationen. Nun können Mutationen auch auf Veränderungen der Kulturbedingungen eintreten und es ist bezeichnend, daß Mutationen vorwiegend dann einzutreten pflegen, wenn die Kulturbedingungen besonders günstig sind, also Dung u. dgl. mehr. Die Versuche von STANDFUSS werden als Mutationen gedeutet, also als direkte Veränderungen im Keimplasma. Nun betonen selbst scharfe Gegner der Lehre von der Vererbung erworbener Eigenschaften, daß der Unterschied zwischen einer Mutation und einer Modifikation nur dann festgestellt werden könne, wenn langwierige Kreuzungsversuche vorgenommen werden, gewiß ein wichtiger Hinweis darauf, daß beide etwas Gemeinsames haben dürften, denn wir haben nicht das Recht, die Erscheinung völlig zu vernachlässigen unter Hinweis auf etwas, was hinter den Erscheinungen liegt. Mutationen wären also Veränderungen am Keimplasma, welche ohne erkennbaren Sinn erfolgen. Das, was unter der Bezeichnung der Mutation geht, ist sicherlich sehr verschiedener Art. Die Mutationen von Oenothera Lamarckiana führt BAUR auf eine unregelmäßige Auswechslung größerer Idioplasmenkomplexe zurück, welche zwischen zwei verschiedenen Haplonten, velans und gaudens, gelegentlich stattfinde. Er bringt sie also zu einer Neukombination verschiedener Unterschiede bei einer Bastardierung in Beziehung. Eine andere Gruppe von Mutationen besteht nach BAUR darin, daß ein mendelnder Grundunterschied sich ändert. Meistens ist es so, daß in einer diploiden Zelle nur einer der beiden darin vereinigten Haplonten mutiert wird. Als dritte Kategorie von Mutationen führt er die Entstehung von weiß-grün gescheckten aus rein grünblättrigen Sippen an, wobei die neu aufgetretene Buntblättrigkeit nur durch die Mutter vererbt wird. Eine andere Mutation versucht BAUR so zu erklären, daß sich zwei Rassen in einem Faktor unterscheiden, von denen ein Haplont sich in den der anderen Rasse umwandle, und zwar so, daß ständig einzelne Zellen diese Verwandlung mitmachen. Eine weitere Gruppe von Mutationen beruht darauf, daß Individuen entstehen, die gegenüber der Ausgangsrasse eine veränderte, meist vervielfachte Chromosomenzahl aufweisen. Eine ausgesprochene Riesenform von Oenothera Lam. gigas hat doppelt so viele Chromosomen als Oenothera Lamarckiana. Oenothera Lam. semigigas hat statt 14 Chromosomen 21 im Diplonten, Oenothera gigas 28. Am Stechapfel hat BLAKESLEE triploide und tetraploide Individuen gefunden, aber auch diploide Individuen mit einem überzähligen Chromosom. Je nach dem Chromosom, welches von den 12 haploiden Chromosomen in der diploiden Pflanze noch einmal als überzählig vorkommt, ist das Aussehen dieser so bedingten Mutanten verschieden. Bei Drosophila melanogaster kann man Ähnliches antreffen. Als eine sechste Kategorie von Mutationen erkennt BAUR die Veränderungen bei ungeschlechtlich sich fortpflanzenden Bakterien und Pilzen an, bei welchen durch Einwirkung von hohen Temperaturen und Giften erbliche Dauerveränderungen erzielt werden. Den Veränderungen, welche STOCKARD bei Meerschweinchen durch Alkoholvergiftung erzielte und welche sich auch noch in der dritten Generation äußerten, schreibt BAUR wiederum eine etwas veränderte Bedeutung zu.

Überblickt man die lange Reihe der verschiedenen Mutationsmöglichkeiten, so wird man sich immer wieder fragen müssen, welche Ursachen die Veränderungen des Keimplasmas im Einzelfalle bedingen. Jedenfalls muß ja diese Veränderung durch das Soma hindurch wirken. Sollte denn das Keimplasma so sehr Staat im Staate sein, daß es vom übrigen Körper nicht beeinflußt werden kann? Bei den Bakterien und bis zu einem gewissen Grade bei den Einzellern fallen ja diese Bedenken überhaupt weg; hier reduziert sich die Frage der Vererbung erworbener Eigenschaften im wesentlichen auf die Frage, ob das, was vererbt werde, sinnhaft sei, der Umgebung angepaßt sei oder nicht. Mutation erweist sich hier als die Voraussetzung, daß sinnhafte Veränderungen des Keimplasmas nicht vererbt werden, während sinnlose die Vererbbarkeit haben. Zu dieser Frage zunächst die etwas allgemeine Bemerkung, daß durch lange Zeit hindurch im Leben des Einzelnen unendlich viel Sinnloses gefunden wurde. So erschien der Traum und nun gar die Geisteskrankheit als durchaus sinnlose Reaktion. Tiefer eindringende psychoanalytische Betrachtung hat jedoch ergeben, daß diese Sinnlosigkeit nur eine scheinbare ist und sich in tieferen Schichten doch als sinnvoll erweist. Sollte nicht hier ein vorläufiger Hinweis darauf gegeben sein, daß auch die Mutationen früher oder später ihren geheimen Sinn entschleiern könnten? Das eine haben wir ja bereits mit hinreichender Deutlichkeit betont, daß uns die durchgängige Trennung zwischen Soma und Keimplasma unzulässig erscheint. Sollten nicht doch Modifikation und Mutation einander näher verwandt sein als man es in den Kreisen der Vererbungsforscher derzeit annimmt?

So schreibt LEVINTHAL[1]): „Bei Organismen mit sexueller Vermehrung ist die Trennung von phäno- und genotypischen Variationen sinnvoll und wichtig, bei den sich ungeschlechtlich vermehrenden Pilzen wird der Streit um Analogiebegriffe, wie Modifikation (VON NAEGELI), Mutation (DE VRIES), Dauermodifikation (JOLLOS), ein leeres Spiel mit Worten." Jedenfalls ist es möglich, gesetzmäßig durch bestimmte äußere Einwirkung jederzeit eine irreversible Veränderung von Urpilzen hervorzurufen. Das Blatternvirus, auf das Rind übertragen, ruft nur den milden Krankheitsprozeß der Kuhpocke hervor. Das Vakzinevirus zeigt aber bei Rückübertragung auf den Menschen verminderte Virulenz und gewinnt seine frühere Blatternvirulenz niemals mehr wieder. Das Variolavirus hat sich unwiderruflich in das Vakzinevirus verwandelt.

Die neuere Vererbungsforschung legt auf die Mutation deshalb besonderes Gewicht, weil sie zeigen konnte (insbesondere BAUR), daß Mutationen wenigstens bei bestimmten Arten außerordentlich häufig sind. Es sind vorwiegend kleine, kaum merkbare Veränderungen, welche wiederum im Rahmen der „Modifikations"breite liegen. Aber gerade derartige, häufige kleinere Mutanten müssen, das betont auch GOLD-SCHMIDT[2]), für die Entstehung der Arten besonders bedeutsam sein.

---

[1]) Klin. Wochenschr, Bd. 7. 1928.
[2]) Einführung in die Vererbungswissenschaft, 4. Aufl. Leipzig: Engelmann. 1923.

Neuerdings scheint die Frage in ein neues Stadium zu treten.
H. J. Muller hat auf dem V. Internationalen Kongreß für Vererbungs-
wissenschaft durch Röntgenstrahlen mit außerordentlicher Häufigkeit
Mutationen erzielt. Sollten die Veränderungen des Körpers, das gesamte
Stoffwechselgetriebe weniger wirksam sein, als der „unphysiologische"
Außenreiz ?[1]) Es ist übrigens bemerkenswert, daß die Mutanten, welche
Muller durch Beeinflussung der Spermien, der Ovogonien und Ovozyten
erhielt, dieselben sind, die auch „spontan" beobachtet werden.

Konvergenz

Freilich dürften alle bisher angeführten Faktoren uns keinen aus-
reichenden Einblick in die Entwicklung der Arten zu geben imstande
sein. Wir stoßen auf das Prinzip der Konvergenz. Das Auge ist an
mehreren Stellen der tierischen Entwicklung neu gebildet worden. Wir
sprechen von konvergenter Naturzüchtung, wenn analoge Organe bei
verschiedenen Ausgangspunkten und bei fehlender Verwandtschaft
entstehen. Die primitivsten Sehorgane vielzelliger Tiere sind die sogenannten Ozellen. Es handelt sich meist um bikovexe Linsen, an welche
sich kleine Sehzellen mit Stäbchen anschließen. Pigmentkörner sind
in besondere kleine Pigmentzellen eingeschlossen und isolieren die einzelnen
Sehstäbchen voneinander. Derartig einfach gebaute Ozellen sind im
ganzen Tierreich verbreitet und sind nach der Angabe Oskar Hertwigs[2])
in sehr zahlreichen Tierklassen und auch hier wieder unabhängig in
den einzelnen Abteilungen entstanden. Bei einzelnen Zölenteraten,
bei verschiedenen Ordnungen der Würmer, Echinodermen und Anthro-
poiden. Sie werden in verschiedenen Körpergegenden vorgefunden
und verschiedene Materialien beteiligen sich an ihrem Aufbau. „Ebenso
sind die vielen Ozellen an den Rändern der In- und Egestionsöffnungen
einiger Aszidienarten oder das unpaare Auge in der Wand der Hirnblase
ihrer Larven Organe selbständigen Ursprungs. Erstere erregen noch
dadurch unser ganz besonderes Interesse, daß man durch experimentelle
Eingriffe an den verschiedensten Stellen des Körpers ihre Entstehung
hervorrufen kann. Wenn man nach dem von Loeb beschriebenen Ver-
fahren in einiger Entfernung von der Mund- und der Auswurfsöffnung
Schnitte durch die Körperwand anlegt und ihre Ränder durch die Einführung eines Glasstabes verhindert, wieder zusammenzuwachsen,
so bilden sich an diesen Stellen neue bleibende Mund- und Afteröffnungen
aus und treten auch bald als gesonderte Röhren über die Oberfläche
weiter hervor. Macht man gleichzeitig an demselben Tier an verschiedenen
Stellen Einschnitte, so können gleichzeitig mehrere Röhren entstehen."

---

[1]) Naturwissenschaften, Bd. 14, S. 899. 1927.
[2]) Das Werden der Organismen. 1922.

An ihren Rändern aber bildet sich alsbald — und darum wurde dieses Experiment hier angeführt — eine Garnitur von vielen Augenflecken ringsum aus. Daraus läßt sich schließen, daß die Fähigkeit, Augenflecke zu bilden, der gesamten Oberhaut bei den Aszidien innewohnt und daß es bloß geeigneter Reize bedarf, um sie bald da, bald dort anzuregen. An den offengehaltenen Schnitträndern aber sind die geeigneten Bedingungen gegeben, weil die neuen Öffnungen sich wie In- und Egestionsöffnungen verhalten, weil an ihnen Ektoderm und Entoderm ineinander übergehen und weil durch sie flüssige und feste Substanzen aufgenommen und wieder entleert werden. Also entwickeln sich aus der plastischen Substanz an den neuen Mundrändern unter den gleichen Bedingungen auch die gleichen Organe. Aber auch die komplizierteren Dunkelkammeraugen, welche unter der Epidermis liegen, zeigen bei Anneliden, bei Mollusken und bei Wirbeltieren ähnliche Bauprinzipien. Den höchsten Grad der Vollkommenheit erreichen die Augen bei den Zephalopoden und Wirbeltieren. Während aber das Auge des Zephalopoden in der Form entsteht, daß sich die Sehgrube einsenkt, zur Hohlblase schließt und deren Epithel am Hintergrunde zur Retina und ihren Schichten sich differenziert, während die dem Augengrund abgewandte Hälfte der Epithelblase zum Corpus epitheliale und zur Linse umgewandelt wird und ringförmige Faltungen der Oberhaut liefert, entsteht beim Menschen und beim Wirbeltier der hintere Teil des Auges aus einem eingestülpten Hohlfortsatz des Gehirns, während die Linse vom Hautepithel her geliefert wird. Sehr beachtenswert ist es auch, daß bei jungen Tritonenlarven, deren Linse durch Staroperation vollständig entfernt wird, die Linse regeneriert wird, aber nicht vom Hornhautepithel her, das sie in der normalen Entwicklung liefert, sondern vom Epithel des Irisrandes, welcher in der normalen Entwicklung gar nichts mit der Entstehung der Linse zu tun hat. Man kann also sagen, daß das Material weniger wichtig erscheint als der Bauplan und daß der Bauplan, den der Organismus offenbar in sich trägt, jenes Material verwertet, welches sich eben gerade bietet. Nach allem, was wir wissen, ist also die Organbildung eine Antwort auf das, was in der Außenwelt geschieht, und diese Antwort kann ebenso mit verschiedenen Materialien beantwortet werden wie in unserem Denken. Auch verschiedenes Gedächtnismaterial kann der gleichen Endlösung zugeführt werden. Ein weiteres wichtiges Beispiel ist, daß der Cetylalkohol in der Entwicklungsreihe wiederholt unabhängig auftritt; in der Burzeldrüse der Vögel, dem Lanolin der Schafe, dem Walrat der Wale treten Fette auf, welche nicht mit dem dreiwertigen Alkohol, dem Glyzerin, sondern mit dem einwertigen Cetylalkohol gebildet sind und die Eigenschaft haben, nicht ranzig zu werden. „Auch sie müssen in verschiedenen Linien selbständig als Reaktion auf die äußeren Verhältnisse entstanden sein. Diese Konvergenz hat insoferne ein besonderes

Interesse, als wir die chemische Konstitution der betreffenden Fette kennen und wissen, daß es gleitende Übergänge von den Fetten der Glyzerinreihe, die mit dem dreiwertigen Glyzerin ($C_3H_5OH_3$) gebildet werden, zu den Fetten der Cetylalkoholreihe mit dem einwertigen Cetylalkohol ($C_{16}H_{33}OH$) nicht gibt. Der Sprung vom Glyzerin zum Cetylalkohol ist so groß, wie der der Flosse zum Schreitfuß der Vierfüßler, und dieser Sprung muß verschiedene Male gemacht worden sein. Hier versagt die Theorie der natürlichen Zuchtwahl vollständig." (KRANICHFELD.) Auch hier spielen die äußeren Faktoren die auslösende Rolle. Die Berührung mit der Luft, dem Wasser u. dgl. mehr. Auch hier eine Antwort des Organismus, auch hier eine Antwort, welche von der Natur des Antwortenden weitgehend mitbestimmt ist. Wir kommen zu dem allgemeinen Problem, ob denn nicht diese Natur des antwortenden Protoplasmas, des antwortenden Lebendigen wichtiger sei als der äußere Anstoß. Man könnte etwa auf das bekannte Beispiel NAEGELIS verweisen, das die Entwicklung des Eies ja nicht durch die Wärme bedingt sei; man könnte ja daran denken, daß die ontogenetische Entwicklung als solche von inneren Faktoren im wesentlichen bestimmt sei. Gewiß ist zuzugeben, daß im Einzelfall die Antwort bestimmt sei im wesentlichen durch das vorher Gegebene. Wir müssen aber in Abrede stellen, daß der äußere Anlaß belanglos sei. Wir können diese Dinge durchaus mit den Mitteln der Psychologie darstellen. Wir wissen etwa, daß beim Traum der aktuelle Anlaß nicht genügt, um ein entsprechendes Traumbild hervorzurufen, zu dem äußeren Anlaß müssen erst tiefer liegende Regungen geweckt werden, Regungen, welche aus der frühen Jugend stammen, aber Geschichte besteht grundsätzlich nicht nur aus Vorgeschichte, sondern aus den Problemen der Gegenwart und den Antworten, welche sie hervorrufen.

Kampf ums Dasein — Darwinismus

Die DARWINsche Lehre stellt den Grundsatz vom Überleben des Passendsten auf. Er beinhaltet eine Selbstverständlichkeit, was lebt, muß auch lebensfähig sein, was gelebt hat, muß es gewesen sein. N. HARTMANN[1]) sieht gerade in diesem apriorischen Charakter des Hauptprinzips des Darwinismus Zeichen eines besonderen Wertes des Darwinismus. Ich kann ihm hierin nicht folgen. Wir wollen wissen: Wie ist das Lebendige geworden, das Unwahrscheinliche, das Lebendige kann in seinen besonderen Qualitäten nicht dadurch erklärt werden, daß es ausgemerzt wird, wenn es nicht paßt. Ebensowenig wie bei der Herstellung eines Gegenstandes für den Gebrauch des täglichen Lebens oder bei der Herstellung eines Kunstwerkes das Wesentliche darin liegt, daß die nicht gelungenen

---

[1]) Philosophische Grundfragen der Biologie.

Einzelstücke ausgeschieden werden, ebensowenig sagt der Grundsatz von dem Ausscheiden des Unpassenden über die Entstehung der Arten. Ja nicht einmal regulatives Prinzip vermag ein derartiges Prinzip zu sein, denn die Bedeutung des Begriffes des Passenden bleibt völlig im Unklaren. Passend wozu? Der Begriff des Überlebens bedarf der Klärung. Ist es das Individuum als solches, dessen Überleben in Frage steht, oder ist es die Art? Aber vielleicht ist es nicht die Art, sondern die Klasse? Oder ist es der ganze Tierstamm? Oder vielleicht gar das Lebendige überhaupt? Bei der engen Verbundenheit alles Lebendigen untereinander ist es schwer, den Grenzstrich zu ziehen. Der Begriff des Passenden und des Überlebenden hat in der Tat nur Sinn in bezug auf das zweckgerichtete Leben als solches und hat letzten Endes nur Sinn, wenn man annimmt, daß der Organismus sich Ziele und Zwecke setzte. Zu diesen Zwecken gehört die Einfügung in die umgebende Welt. Freilich ist Einfügung nicht als solche gewollt, sie ist nicht Ziel, sondern Resultat. UEXKÜLL[1]) zeigt die wunderbare Einfügung des Organismus in das Getriebe um ihn herum. Die Amöbe lebt in einer Umwelt, der ihre Wahrnehmung und Handlung völlig gerecht wird; sie ruht sicher wie das Kind in der Wiege. UEXKÜLL spricht von Einpassung. Aber dieses Bild ist letzten Endes trügerisch. Im Erleben sehen wir immer, daß Ruhe nur erreicht wird nach dem Kampf, nach dem Streben, nach dem Bewältigungsakt, Einpassung ist demnach Folge, nicht ursprüngliche Gegebenheit, ist nur Phase eines flutenden und wechselnden Geschehnisses, eines Geschehnisses, das Kampf und nicht Ruhe ist.

Nun spricht ja DARWIN selbst vom Kampf ums Dasein (struggle for life). Dieser Kampf besorge die Auslese des Passendsten. Aber dieser Begriff ist bei ihm zwiespältig. Man könnte meinen, es handelt sich um einen Kampf im psychologischen Sinn. Das Individuum kämpfe um sein Dasein und der Wunsch nach Erhaltung ist das Treibende. In diesem Sinne gehört die Frage vor das Forum der Psychologie. Der Kampf ums Dasein ist ein Begriff einer kleinbürgerlichen Ideologie, welche nach wirtschaftlicher Sicherung strebt. Nur der Kleinbürger erlebt sich als einen Kämpfer um das tägliche Brot, um die bürgerliche Existenz. Einer tiefer dringenden Betrachtung kann es nicht verborgen bleiben, daß er sich über seine Ziele täuscht, er will mehr haben als seine Existenz, strebt nach Überhöhung und gibt sich Wert und Würde mit seiner Betonung des Bürgerlichen. Er strebt also nach einer Machtposition. Jede tiefer dringende psychologische Betrachtung führt uns dahin, daß es eine treibende Kraft, den Willen zur Macht (NIETSCHE) gebe. Existenz als solche wird nicht gewollt, sondern erhöhte, bedeutsame Existenz.

---

[1]) Theoretische Biologie. Berlin: Paetel. 1920. Umwelt und Innenwelt der Tiere, 2. Aufl. Berlin: Springer.

Scheint eine Sicherung erreicht, so taucht sofort ein Neues auf, Macht, Überwältigung, ein Ziel, das der Natur der Sache nach nie völlig erreicht werden kann. Jene größere Persönlichkeit wird angestrebt, ihr wird Existenz als solche ohne weiteres geopfert. Es besteht demnach keine psychologische Berechtigung, von einem Kampf ums Dasein zu sprechen. Es kann sich also wiederum lediglich um den Hinweis auf die Tatsache handeln, daß die objektiven Existenzmöglichkeiten eine Reihe von Lebewesen vom Dasein ausschließen. Dann meint der Begriff Kampf ums Dasein dasselbe wie der Begriff des Überlebens des Passendsten.

In der Tat zeigt es sich, daß dort, wo lediglich Einpassung, Existenz zum Ziele einer Lebensgemeinschaft gesetzt erscheint, durchaus keine neuen Arten entstehen. Wir sprechen von Biocönosen; eine solche Biocönose verhindert das Eindringen des Neuen und bleibt stabil, solange sich nicht die äußeren Lebensumstände geändert haben. MÖBIUS hat diesen Begriff zuerst in seinem Buche: Die Austernwirtschaft, 1899 in die Wissenschaft eingeführt. Jede Austernbank ist nach ihm gewissermaßen eine Gemeinde lebender Wesen. Eine Auswahl von Arten und eine Summe von Individuen, welche gerade an dieser Stelle passenden Boden für die Entstehung und Entfaltung finden, also passenden Boden, hinreichende Nahrung, Salzgehalt und erträgliche und entwicklungsgünstige Temperatur. Zwischen den verschiedenen Arten dieser Lebewesen findet ein Gleichgewicht statt, das an sich dauernd ist, sich aber doch nur unter der Bedingung erhalten kann, daß die äußeren Bedingungen und die Teilnehmer der Biocönose keine Änderung erfahren. Schon durch die geringsten Veränderungen an dem anscheinend unbedeutsamsten Mitglied der Gesellschaft kann es gestört werden. Da auch die durchschnittliche Anzahl der Individuen der an der Biocönose teilnehmenden Arten eine bestimmt feststehende ist, folgt, daß jedes Elternpaar durchschnittlich immer wieder nur ein Paar zur Fortpflanzung kommender Jungen hinterlassen kann, daß also ein vernichtender Kampf ums Dasein stattfinden muß. Da nun aber nach unseren Beobachtungen sich die Verhältnisse in den Biocönosen lange Zeit hindurch nicht verschieben, so folgt weiter, daß der Kampf ums Dasein hier nicht dazu dienen kann, die Arten zu verändern, sondern daß er vielmehr die Aufgabe hat, das Gleichgewicht zu erhalten und alle minderwertigen Individuen, die in die Biocönose nicht passen, auszuscheiden (nach KRANICHFELD).

Hier tritt uns ein Faktor im Organischen entgegen, der bedeutsam zu sein scheint, es ist dies der Faktor der Trägheit. Leben scheint tot, solange es sich nicht an einer wechselnden und gefahrdrohenden Außenwelt entzündet. Diese flößt den Bemächtigungsdrang ein; sie kann es nur so lange, als sie vielfältig gegliedert ist. Bleibt sie ungeändert, so scheint dem Bemächtigungsdrang eine Grenze gezogen, es tritt eine relative Stabilität ein. Hier tritt uns der zwiespältige Charakter des

Lebens entgegen, es möchte in einer vollbewältigten Außenwelt ruhen, aber es gehört zu dem Wesen der Außenwelt, daß sie nicht vollbewältigt werden kann und zu dieser ihrem Wesen nach nicht zu bewältigenden Außenwelt gehört der drängende Trieb. Dort, wo Außenwelt relativ stabil bleibt, entwickeln sich Gebilde, welche der Biocönose entsprechen, Stagnationsformen des Lebens; dort scheint das Leben seinem wahren Wesen entgegen ein endgültiges Ruhen zu ermöglichen, aber die völlige Bewältigung ist utopisch und immer wieder taucht Unbewältigtes auf und zwingt zu neuen Differenzierungen, neuen Anstrengungen. Aber sollte nicht auch in der scheinbaren Befriedigung das Bewußtsein stecken, daß ein mächtiges Unbewältigtes dahinter steht? Von derartigen Gesichtspunkten aus können wir uns der Frage zuwenden, was denn die morphologische Rückbildung des Schmarotzers bedeute. Er gibt ja Differenzierungen auf und verzichtet nicht nur auf organische Formen, sondern auch auf die Erfassung der Welt mittels differenzierter Sinnesorgane. Man könnte freilich fragen, ob er nicht mit den begrenzten Organen, die ihm bleiben, ein kleines Stück der Wirklichkeit tiefer erfasse. Die Lehre vom Bewältigungsdrang besagt ja nicht, daß man in möglichst differenzierter Weise erfassen wolle, sondern sie besagt nur, daß man sich irgendwie als Herr fühlen wolle. Auf der anderen Seite bietet sich eine Möglichkeit, das Schmarotzertum dadurch zu verstehen, daß man sage, es gebe kleine Bereiche der Außenwelt, welche entgegen dem Gesamtwesen des Außen ruhen, stabil sind und eine Bewältigung zu gestatten scheinen. Es kann sich aber nur um kurze Phasen im gewaltigen Prozeß der Außenwelt handeln, welche mit dem Wesen des Außen nichts zu tun haben. Wenn man also auch eine wechselnde, gefahrdrohende, bewegte Außenwelt als Bedingung für die Entfaltung des Organischen und für die Entfaltung des Triebes ansetzen muß, so gehört es gleichwohl zum Wesen des Triebes, sich entfalten zu wollen, nach außen zu drängen. Trieb heißt immer irgendwie nach der letzten endgültigen Ruhe streben, aber doch wissen, daß die Ruhe nicht vollständig sein kann und daß von der Ruhe ein neu emportauchendes Ziel wegtreibe. Der Trieb ist demnach psychologisch dadurch charakterisiert, daß er etwas anstrebt, was unerreichbar ist, eine Paradoxie, welche in jedem Trieberlebnis steckt. Zwischen Trieb und Außenwelt besteht offenbar ein tiefgreifender Parallelismus, denn in der Außenwelt haben wir etwas Wechselndes, Veränderliches zu sehen, das aus der Ruhe immer wieder in die Bewegung fortschreitet, vielleicht liegt hier eine Beziehung zum zweiten Hauptsatz der mechanischen Wärmelehre, denn dieser läßt das Weltgeschehen zur endgültigen Ruhe treiben, zum Wärmetod, aber gleichwohl wird der Wärmetod nicht erreicht, und die Welt enthält eine Fülle der mannigfaltigen Bewegungen und Erscheinungen.

Ein gewisser Wirkungsbereich ist der DARWINSchen Grundidee zuzubilligen. So berichtet HERTWIG[1]) von einer direkten Ausmerzung gewisser Formen bei Änderung der Lebensbedingungen. Auf den stürmischen Kerguelen, kleineren ozeanischen Inseln, sind sämtliche Insekten flügellos, darunter eine Schmetterlingsart, mehrere Fliegen, zahlreiche Käfer. Ihr auffallendes Überwiegen auf den kleinen, dem Wind ausgesetzten Inseln läßt sich leicht daraus erklären, daß fliegende Insekten durch den Sturm vom Land abgetrieben werden, ins Meer fallen und zugrunde gehen; ungeflügelte Arten haben daher vor ihnen den Vorteil voraus, nicht vernichtet zu werden (DARWIN). Aber derartige Erwägungen sind weit entfernt, uns die Artentstehung begreiflich zu machen, sie weisen lediglich auf ein ausmerzendes Prinzip untergeordneter Bedeutung hin.

Damit eine Auswahl möglich sei, müssen Verschiedenheiten angenommen werden. Man kann diese Verschiedenheiten als zufällige Verschiedenheiten betrachten (Idiovariation nach WEISMANN). Auch DARWIN nimmt solche kleine Schwankungen, die richtungslos sind, an. Für den strengen Darwinisten sind diese Variationen sinnlos, sie haben keine faßbare Bedeutung. Die Frage taucht auf, warum bei der Sinnlosigkeit der Variationen Leben nicht überhaupt zugrunde geht. Es muß also vorgegebene Eigenschaft des Lebendigen sein, lebensfähig zu bleiben, das heißt Strukturen der Umwelt bewältigen zu können. Die Idiovariation erfolgt offenbar nicht regellos, sondern nach Regeln und Ordnungen, welche offenbar nicht nur vom Lebendigen allein, sondern auch von der Umwelt bestimmt werden. DARWIN selbst nahm die Möglichkeit der Vererbung erworbener Eigenschaften als selbstverständlich an, wie erwähnt, leugnet sie WEISMANN.

Nach allem können wir, ohne uns in die Kritik des Darwinismus als solchen einzulassen, die Behauptung aufstellen, daß das DARWINSche Ausleseprinzip einen gewissen Wirkungskreis haben mag, uns jedoch nicht einen Einblick in den Aufbau der Organismenwelt gestattet. Wir kommen zur Frage, inwieweit die Lehre LAMARCKS einen solchen Einblick ermöglicht.

Lamarckismus

Die Grundidee des LAMARCKSchen Prinzips ist, daß Gebrauch das Organ stärke, Nichtgebrauch es verkümmern lasse. Diese Veränderung wird als erblich angesehen. Ist einmal das Organ durch den Gebrauch gefestigt, so wird es selbst wieder Anlaß zur Betätigung. Aber nicht die Form schafft die Gewohnheiten, sondern die Gewohnheit unter Mitwirkung der äußeren Umstände schafft die Form. Aber bei LAMARCK

---

[1]) Das Werden der Organismen, 3. Aufl. Jena: G. Fischer. 1922.

deutet sich bereits ein weiteres wesentliches Prinzip an. Nicht nur die vollzogene Handlung, der Gebrauch des Organs, sondern schon das Bedürfnis wirkt verändernd. PAULY[1]) hat mit Recht diesen Punkt besonders betont. Das Bedürfnis ist für ihn ein psychophysischer Faktor von mächtiger Einwirkung auf den Organismus.

Versuchen wir in die Psychologie des Organgebrauches einzudringen. Beim Menschen steht uns in dieser Richtung lediglich die Erfahrung bei der Handlung zu Gebote, welche sich der quergestreiften Muskulatur bedient. Die Übung beim Gebrauch des quergestreiften Muskels besteht in der Automatisierung der Handlung. Es ist nicht mehr für jede Teilhandlung eine Überlegung nötig, es tritt nach dem Ausdrucke KRETSCHMERS[2]) formelhafte Verkürzung ein. Einzelne Teilhandlungen fallen aus; offenbar wird aber auch jedes einzelne Stück der Bewegung zweckmäßiger durchgeführt. ZUNTZ und LÖWY[3]) haben gezeigt, daß beim ungeübten Arbeiter ein größerer Stoffwechselverbrauch stattfindet als beim geübten, auch bei einer so einfachen Arbeit wie beim Bergsteigen. Psychologisch kennzeichnete sich der geübtere Vorgang durch das Absinken der Bewußtseinsebene, sowohl der Gesamtintention als auch insbesondere der Teilintentionen. Wie erwähnt, fallen die Teilintentionen aus, die Veränderungen gehen aber noch um ein beträchtliches Stück weiter, es kommt zu einer Arbeitshypertrophie des entsprechenden Muskels. Offenbar ist auch das psychologisch Faßbare ein organisches Geschehen, ja wir können wenigstens beim Menschen bereits vermuten, wie diese Abänderung hirnpsychologisch verankert sei. Die Automatisierung der Handlung ist offenbar stärker an das striopallidär-nigräre als das stammesgeschichtlich ältere System[4]) gebunden als die nichtautomatisierte Willkürhandlung, bei welcher die Hirnrindenimpulse, besonders die der motorischen Region, von größter Bedeutung sind. Jede Willkürhandlung erleichtert die folgende der gleichen Ordnung; es ist gleichsam so, daß der Organismus als Form bereits die Funktion erleichtert.

Jede Willkürhandlung hat ein Ziel; es kann vorstellungsmäßig in Gedanken oder in der Wahrnehmung gegeben sein. Es gehört entweder der äußeren Welt oder dem Körper zu. Die Zielvorstellung (der Ausdruck Vorstellung ist hier in dem umfassenden Sinne gebraucht, welcher auch Gedanken und Wahrnehmungen in sich schließt) muß aber stets, mag sie auch Ziel in bezug auf das äußere Objekt setzen, Nebenziele in bezug auf den Körper in sich schließen. Eine Handlung ist abge-

---

[1]) Darwinismus und Lamarckismus. München: Reinhart. 1905.
[2]) Medizin. Psychologie, 3. Aufl. Leipzig: G. Thieme. 1926.
[3]) ZUNTZ und LÖWY, FR. MÜLLER, W. CASPAR: Höhenklima und Bergwandlung. Berlin 1906.
[4]) Es liegt subkortikal in der Tiefe des Gehirns.

schlossen, wenn das Erfüllungserlebnis eingetreten ist, wenn das
Deckungserlebnis zwischen dem erreichten und vorgestellten Ziel eingetreten ist. Mißlingt die Handlung, so tritt ein spezifisches Nichterfüllungserlebnis ein; das Erfüllungs- oder Nichterfüllungserlebnis
ist seiner Natur nach zweigliedrig, ist ein Relationserlebnis besonderer
Art. Übung und Gebrauch führen einesteils leichter zum Erfüllungserlebnis, doch hängt der Reichtum des Erfüllungserlebnisses weitgehend
von der Menge der Tendenzen ab, welche zur Erfüllung drängen. Sind
weniger Energien notwendig, so nimmt der Reichtum des Erfüllungserlebnisses ab. So tritt etwa bei einer so weit automatisierten Handlung,
wie dem Gehen, das Erfüllungserlebnis ganz weitgehend zurück. Ein
weiteres Beispiel sekundärer Automatisierung wäre etwa im Klavier-
spielen gegeben. Stellt man diese beiden Beispiele nebeneinander, so
bemerkt man, daß das automatisierte Gehen sich in weit höherem Maße
vorgebildeter Mechanismen bedient. Es gibt alle Übergänge zwischen
Automatismen primärer und sekundärer Art (die Begriffe stammen
von C. und O. Vogt[1]). Sie stehen, wie erwähnt, zum striopallidären
System in engster Beziehung. Jedenfalls ist daran festzuhalten, daß
Übung eine Handlung in mehreren Punkten, sowohl im zentralen als
auch im peripheren Teil abändert, und zwar im Sinne des Gebrauches
und im Sinne der Zweckmäßigkeit, und man bemerkt, daß die mitge-
brachten Automatismen im Sinne der gleichen Zweckmäßigkeit gerichtet
sind, die auch bei der Übung hervortritt. Man kann hinzufügen, daß
diese Mechanismen sich teilweise im Psychischen abspielen und teilweise an der organischen Form abgelesen werden können, und man
bemerkt ferner, daß die organische Form, wenn sie als Folge der Übung
aufgetreten ist, die psychische Anstrengung entbehrlich macht. Man
hat ergänzend hinzuzufügen, daß die hier abgeleiteten Gesetzmäßigkeiten
nicht nur für die äußere Willenshandlung von Bedeutung sind, sondern
auch für die innere Willenshandlung. Die Gewinnung von Gedanken
und Vorstellungen folgt den gleichen Gesetzmäßigkeiten. Nun gibt
es Ziele verschiedener Bewußtseinshöhe, wir haben allen Grund zur
Annahme, daß die Triebhandlung, der Tropismus und der Reflex von
der Willkürhandlung aus zu verstehen sei und nicht umgekehrt. Steigen
wir noch um ein Stück weiter vom Bewußtsein weg in den Organismus
abwärts, so treffen wir auch in der Funktion der Organe, die sich lediglich körperlich abspielt, Hinweise auf entsprechende Gesetzmäßigkeiten.
Hier ist etwa auf die Hypertrophie des Herzmuskels bei gesteigerter
Aufgabe zu verweisen, auf die Hypertrophie der Magenmuskulatur

---

[1] Zur Kenntnis der pathologischen Veränderungen des Striatums und
der Pathophysiologie der hiebei auftretenden Krankheitserscheinungen.
Sitzungsbericht der Heidelberger Akad. d. Wissenschaften, Math. Naturw.
M. B. 14. Ab. 1919.

bei Verengerung des Magenausganges; das Prinzip trifft also nicht nur die quergestreifte, sondern auch die glatte Muskulatur und es ist auch auf die Drüsen auszudehnen. Ich erinnere etwa an die kompensatorische Hypertrophie nach der Exstirpation einzelner Epithelkörperchen, die ich in Gemeinschaft mit HABERFELD beobachtet habe. Vielleicht steckt auch in diesem Geschehen des Organismus ein „handlungsmäßiger" Faktor. Ich habe oben erwähnt, daß die innere Willenshandlung der äußeren gleichzuhalten ist. Nun wissen wir, daß willkürlich gewählte Vorstellungen von den Veränderungen der glatten Muskulatur und der Drüsen gefolgt sind. Vielfach können Veränderungen der glatten Muskulatur und der sekretorischen Organe zwar nicht direkt, aber indirekt gewollt werden. Auf solchem Wege kann etwa Erweiterung der Pupille, Beschleunigung des Pulsschlages u. dgl. mehr erzielt werden. Der psychologische Unterschied in bezug auf die Beherrschbarkeit der quergestreiften Muskulatur einerseits und der glatten Muskulatur und der Drüsen anderseits liegt darin, daß die Veränderung des eigenen Körpers bei der Handlung im eigentlichen Sinne mitgewollt ist, während sie in bezug auf die glatte Muskulatur nicht unmittelbar mitintendiert werden kann. Nun bezieht sich diese Unterscheidung im wesentlichen auf den Menschen und anscheinend auch auf das Wirbeltier. Sie wird hinfällig in bezug auf die wirbellosen Tiere, bei welchen ja quergestreifte Muskeln nicht anzutreffen sind (mit Ausnahme der Arthropoden). Von der Ähnlichkeit des Geschehens an den Drüsen und an der quergestreiften Muskulatur bis zu der Zweckhaftigkeit organischen Geschehens, wie sie PAULY annimmt, ist zwar ein weiter, aber logisch nicht ungangbarer Weg.

Ich habe oben davon gesprochen, daß die Handlung entweder zum Erfüllungserlebnis führt oder nicht. Ich habe den Trieb dem Wollen, die Triebvorstellung der Zielvorstellung angereiht. Nun betont PAULY zum Teil in Übereinstimmung mit LAMARCK, daß nicht nur die Handlung, sondern auch das Bedürfnis organbildend wirke. „L'oiseau que le besoin attire sur l'eau pour y trouver la proie qui le fait vivre, écarte les doigts de ses pieds lorsqu'il veut frapper l'eau et se mouvoir à sa surface. La peau, qui unite ses doigts à leur base, contracte par-là l'habitude de s'etendre. Aussi avec le temps les larges membranes qui unissent les doigts des canards, des oies etc. se sont formées telles que nous les voyons." (Système des animaux sans vertebres, S. 12. Paris 1801. Zitiert nach PAULY.)

Bedürfnis ist im Sinne der oben gegebenen Definition als eine äußere oder innere „Willens"handlung ohne Erfüllungserlebnis anzusehen. Ist das Bedürfnis nur stark genug, so treibt es immer wieder zur Erfüllung hin, die nur unvollkommen erreicht wird. Offenbar fließt bei dem nicht erfüllten Willenserlebnis der Strom nicht lediglich zum Organ, das die

Willenshandlung ausführen soll oder ausführt, das ist zum Muskel,
sondern er fließt zum wesentlichen Teil zu dem nicht direkt gewollten
Innervationen am glatten Muskel und zu den Drüsen und verändert
damit die Wachstumsenergie des entsprechenden Gebietes. Man würde
also eine gewisse Gegensätzlichkeit zwischen den vegetativen Folgen des
Bedürfnisses und den Muskelfolgen der Handlung annehmen, nur darf
man diese Gegensätzlichkeit nicht überschätzen. Ein wesentlicher Unterschied liegt darin, daß das unbefriedigte Bedürfnis ja dauernd bestehen
bleibt, während mit dem Erfüllungserlebnis die Wirkung der Willkürhandlung erlischt. Auch hieraus würde sich eine größere organbildende
Kraft des Bedürfnisses ergeben. Hier liegt die Bedeutsamkeit des un-
erledigten Psychischen, wobei freilich das Psychische immer wieder
als physisch Wirksames inmitten anderer Agenzien anzusehen ist.
Für derartige Betrachtungen könnte man zwar das Psychische auch
lediglich als Signal besonderer körperlicher Wirkungen ansehen, doch
habe ich oben versucht, die Parallelismushypothese zu entkräften.
Man lehne die Annahme der Wechselwirkungslehre und die Bedeutung
des kausalen Eingreifens psychischer Faktoren nicht wie JASPERS[1])
mit dem Hinweise ab, daß derartige kausale Zusammenhänge zu kompliziert wären, als daß man sie erfassen könnte. Nach einem solchen
Einwand wäre auch die mechanische Wärmetheorie so lange unzulässig,
bis der Zusammenhang der einzelnen Molekülbewegungen bekannt ist.
Die primitive und leicht einzusehende Tatsache, daß alle Emotionen
und Erregungen mächtige Wirkungen auf den Körper entfalten, kann
durch den Hinweis auf die Kompliziertheit der Zwischenfaktoren nicht
entkräftet werden. Ich habe an anderer Stelle entwickelt, daß jedes
Erlebnis einen Wirkungswert hat, daß das Erlebnis A das Erlebnis B,
auf das es folgt, bestimmt. Bestimmend ist hiebei: 1. der aktuelle Affekt,
2. alles, was auf dieses Erlebnis jemals Bezug hatte und was nunmehr
neuerdings lebendig wird, und schließlich 3. die körperlichen Faktoren
und Bedingungen, welche in dem aktuellen und in jenem vergangenen
Erlebnis wirksam waren, Faktoren, welche wieder zweifacher Art sind.
Teils sind es solche der Gegenwart (konditionell nach TANDLER) und solche
konstitutioneller Art. Solcher Wirkungswert der Erlebnisse erschöpft
sich in der Handlung, indem er ausgelebt wird. Nun hat die Handlung
anverwandte Phantasien, Gedanken, Begriffe, welche der Handlung
nahestehen, es sind Vorstufen der Handlung, welche Wirkungswert
an sich ziehen und verwendungsbereit stehen lassen. Wir müssen dann
den Wirkungswert jener Erlebniselemente gesondert betrachten, welcher
keine Aussicht hat, im Sinne des Erlebnisses ausgelebt zu werden.
Das geschieht immer dann, wenn das Erlebnis nicht erfüllbar ist, wie

---

[1]) Allgemeine Psychopathologie, 3. Aufl. Berlin: J. Springer. 1922.

bei Bedürfnissen, zu welchen die Organisation noch nicht herangereift ist. Es können aber auch Verdrängungen im Sinne von BREUER und FREUD[1]) die Erfüllung des Erlebens unmöglich machen. Gerade aber die Verdrängungslehre FREUDS eröffnet die Möglichkeit eines tieferen Verständnisses. Es zeigt sich, daß dieses Nichtabgelebte an anderen Stellen zum Vorschein kommt, BREUER-FREUD betonen, an verwandten Stellen. Die Erregung wird konvertiert, und zwar konvertiert in psychophysische Gebilde, welche den ursprünglich gemeinten verwandt sind. So entlädt sich ein Sexualwunsch in eine motorische Innervation, etwa in einen hysterischen Anfall, der Anklänge an die Motilität des Sexualaktes enthält. Der unterdrückte Wunsch des Zornigen, seinen Gegner zu attackieren, läßt ihn leblose Gegenstände zertrümmern. Ein solches Handeln mit verändertem Objekt bringt aber niemals endgültige Befriedigung, der Wirkungswert bleibt bestehen, es kommt nicht zum Abreagieren. Man könnte meinen, daß der hysterische Anfall und das Zertrümmern des Leblosen ja eine Ausgabe der aufgespeicherten Energie des Wirkungswertes bedeute, aber durch das verdrängte und unerfüllte Erlebnis wird jedoch ein falscher Abflußweg für den immer wieder neu sich ansammelnden Wirkungswert geschaffen. Nach dem treffenden und mit tiefer Intuition gewählten Ausdruck BLEULERS[2]) entsteht ein Gelegenheitsapparat, der erst dadurch auseinandergenommen werden kann, daß das Verdrängte ins Bewußtsein kommt und nunmehr den korrigierenden Einflüssen des Bewußtseins unterliegt. Bedürfnisse und unerledigte, verdrängte Erlebnisse schaffen bestimmte Schaltungen, Bahnen, bestimmte Wege für die Energie. Diese Energie ist nicht lediglich psychisch, sondern sie ist gleichzeitig auch organbildend und liegt durchaus im körperlichen Bereiche. Eine vertiefte Betrachtung der Bewegungsstörungen bei den Verletzungen des striopallidären Systems zeigt, daß durch die Hirnläsion Energien der Bewegung falsch geschaltet werden. Es zeigt sich auch gerade bei diesen Erkrankungen, daß, wenn ein Bewegungsantrieb an einer Stelle unterdrückt wird, er an einer anderen Stelle zum Durchbruch kommt. Hirnapparate sind Schaltapparate und besorgen die Verteilung der Energien[3]). Nun haben die Untersuchungen von UEXKÜLL und MAGNUS gezeigt, daß die Funktion des Zentralnervensystems durch Schaltungen immer wieder beeinflußt werde. Je nach der Lage der Glieder, je nach den Einwirkungen von Sinneseindrücken ist das Zentralnervensystem immer wieder ein anderes,

---

[1]) Studien über Hysterie. Wien: Deuticke. 1895.

[2]) Über Gelegenheitsapparate und Abreagieren. Zeitschr. f. Psychiatrie, Bd. 76. 1920.

[3]) Vgl. hiezu die Arbeit SCHILDER, P.: Über den Wirkungswert und die Quellgebiete der psychischen Energie. Arch. f. Psychiatrie, Bd. 70. 1923.

setzt immer wieder neue Erregungsverteilungen[1]). Die Lage des Einzelgliedes verändert also die Funktion des Zentrums. Jedes Erlebnis und jeder Eindruck ändert demnach den Zentralapparat, ändert so den Organismus. Die Schaltung bleibt in Kraft, solange der Eindruck bestehen bleibt. Die von FREUD gefundenen Gesetzmäßigkeiten in bezug auf das Seelische sind unmittelbar auch Gesetzmäßigkeiten der organischen Abläufe im Zentralnervensystem. Auch die Untersuchungen russischer Physiologen über die bedingten Reflexe können am besten von der Psychoanalyse her verstanden werden. LURJA[2]) hat das hieher gehörige Material zusammengestellt. Wenn PAWLOW und seine Schüler zeigen, daß bei dem Widerstreit zweier bedingter Reflexe Ekzem entstehen kann, oder daß heftige motorische Erregungen aus ähnlichen Bedingungen heraus eintreten können, so wird man hierin nicht nur eine Analogie zum Verdrängungsvorgang sehen, sondern man kann von dem gleichen Mechanismus sprechen. Halten wir uns nur vor Augen, was denn ein bedingter Reflex sei. Durch die gleichzeitige Einwirkung eines Tones bestimmter Höhe und der Darreichung der Nahrung wird bei oftmaliger Wiederholung eine Verbindung gesetzt, welche bewirkt, daß späterhin die physiologischen Vorgänge (insbesondere Speichelabsonderung), welche mit der Nahrungsaufnahme verbunden sind, auch dann auftreten, wenn lediglich der Freßton erklingt. Eine bestimmte Situation hat also eine Schaltung gesetzt, welche gleichzeitig Psychisches und Körperliches umfaßt. Die Erregungen, welche so im Zentralnervensystem gesetzt werden, werden also nach den gleichen Gesetzmäßigkeiten umgesetzt, welche wir von dem psychischen Erleben her kennen. Das Gesagte bezieht sich zunächst auf die organische Funktion. Wie weit die Plastizität des Organismus gegenüber dem Funktionsablauf reicht, ist lediglich eine Sache der Empirie, denn daß Funktion und Organismus grundsätzlich dasselbe sind, unterliegt keinem Zweifel. Aber im Organismus haben wir zwischen dem bereits Erstarrten und dem noch Plastischen zu unterscheiden. GRODDECK und JELLIFFE haben eine weitgehende Beeinflußbarkeit des gesunden und kranken Organismus durch das Erlebnis angenommen. Die Funktion ist bei ihnen fast allmächtig der Form gegenüber. Wenn mir auch eine derartige weitgehende Annahme durch die Erfahrung nicht genügend gestützt erscheint, so bietet doch die menschliche Pathologie hinreichend viele Beispiele, welche auf eine starke Beeinflußbarkeit des Körpers durch

---

[1]) Vgl. hiezu das Buch von MAGNUS über die Körperstellung. Berlin: J. Springer. 1924, und das Buch von HOFF-SCHILDER: Die Lagereflexe des Menschen. Wien: J. Springer. 1927.

[2]) Die moderne russische Physiologie und die Psychoanalyse. Internat. Zeitschr. f. Psychoanalyse, Bd. 12. 1926.

das seelische Erlebnis hinweisen. Sie finden sich in dem Sammelbuche von O. Schwarz[1]) zusammengestellt.

Durch das Bedürfnis, die Phantasie, wird der Organismus nachhaltig beeinflußt. Phantasie ist also organisch gestaltend. Lamarck hat bereits auf die mächtigen Wirkungen verwiesen, welche die Affekte, sexuelle Erregung, Schrecken, jähe Freude auf den Organismus haben. Pauly sieht in der Phantasie nichts anderes als das teleologische Vermögen, das Vermögen der aktiven Assoziation der Bedürfnisse mit den Mitteln, und die wechselnden Empfindungszustände sind wie im Wachen so im Traum die Ursache der teleologischen Vorgänge. Den teleologischen Akt läßt Pauly nicht aus dem Bewußtsein hervorgehen. Die Mittel stünden nicht sichtbar vor dem inneren Auge, sondern sie würden vom Organismus aufgebracht; freilich verkennt er, daß im Psychischen Aufgabenlösungen, die scheinbar unvorbereitet, von selbst kommen, doch auf Intentionen, Wollungen und Vorbereitungen der Gesamtpersönlichkeit beruhen. Teleologie liegt nicht außerhalb der Persönlichkeit, sondern innerhalb dieser, auch die Teleologie der Form. Der Organismus wird nicht von außen her der Seele aufgedrängt, sondern im seelischen Erleben treten die wirkenden Kräfte des Organismus zutage; der teleologische Akt des Organismus ist sinnlos, wenn wir ihn nicht als ein Wollen verstehen, das seinem Wesen nach nur seelisch sein kann. Soviel über die psychologischen Vorbedingungen der Lamarckschen Idee. Die Psychologie kann uns freilich nur lehren, was in dem Einzelorganismus vorgehe, im lebendigen Individuum. Sie läßt uns im Stich, wenn wir uns über das einzelne Individuum hinaus der Generation zuwenden. Psychologie wäre für die Erkenntnis des Organismus nur von geringem Belange, bestünde die Vererbung erworbener Eigenschaften nicht zu Recht. Auch aus diesem Grunde haben wir uns so sehr um den Nachweis der Vererbung erworbener Eigenschaften bemüht.

Gedächtnis, Denken, Art

Das Problem bleibt bestehen, wie die Formgestaltung über das einzelne Individuum hinaus wirke. Seit Haering spricht man von dem Gedächtnis als von einer Funktion des Organismus und vergleicht die Wiederkehr der organischen Formen im Erbgang der Wiederkehr des Gedächtnismaterials.

Insbesondere Semon[2]) hat diese Vorstellungen im Detail durchgeführt. Er spricht von Engrammen, welche sich bilden und wiederum ekphoriert werden. Diese Ausdrucksweise entfernt sich absichtlich

---

[1]) Schwarz, O: Psychogenese und Psychotherapie körperlicher Symptome. Wien: J. Springer. 1925. (Daselbst die Literatur.)
[2]) l. c.

vom Psychologischen. Sie geht auf die körperliche Spur und verwischt so die Tatsache, daß wir von allen diesen Dingen ja doch nur vom Psychischen her wissen. Auch der Ausdruck Spur ist insofern irreleitend, als er auf etwas Festgelegtes hindeutet, während es sich ja, aller Wahrscheinlichkeit nach, um Dinge handelt, welche sich körperlich immer wieder neu erzeugen, Erregungsabläufe u. dgl. Auch täuscht der Ausdruck darüber hinweg, daß Gedächtnis letzten Endes doch nur ein spirituell verstehbares Phänomen ist. Man kann am Gedächtnisakt zunächst einmal den Akt der Aufnahme unterscheiden. SEMON würde von einer Engraphie sprechen. Aber diese Formulierung verkennt, daß während der Aufnahme nicht nur eine „Aufnahme" erfolgt, sondern daß das Aufgenommene gleichzeitig auch in eine Fülle von Beziehungen eingesetzt wird. Das Gedächtnismaterial wird gleichzeitig in seinen logisch sachlichen und individuellen persönlichen Kreis eingefügt. Schon die Aufnahme ist also ein komplizierter Denkakt, in dessen Mittelpunkt Beziehungserlebnisse stehen. Es ist ein immer wieder erneutes Eintragen und In-Beziehung-setzen. Hiefür spricht die Gesamterfahrung der Psychoanalyse FREUDS und vor allem auch die Resultate, welche BETLHEIM und H. HARTMANN[1]) bei der Untersuchung der KORSAKOFFschen Psychose erhalten haben, jener Geistesstörung, bei welcher das Individuum seine Merkfähigkeit für neue Eindrücke verloren zu haben scheint. Legt man diesen Kranken Lernstoff vor, so wird dieser in symbolischer Form wiedergegeben. Offenbar ist das ursprüngliche Bild nicht erreichbar, es ist gehemmt und nur die symbolischen Eintragungen kommen zum Vorschein. Symbole stammen ja aus verwandten Gegenstandsbereichen. Es müssen diese Beziehungen während der „Aufnahme" hergestellt worden sein. Sie werden jetzt verwertet.

Aber wäre es nicht denkbar, daß die symbolische Eintragung gar nicht existiere und daß der symbolische Ersatz erst im Momente der Wiedererinnerungsversuche in Erscheinung tritt? Dagegen spricht vor allem, daß der KORSAKOFF-Kranke in seinen ohne äußeren Zwang erfolgenden Erzählungen das vergessene „Erinnerungsmaterial" immer wieder in symbolische Form bringt. Wir sprechen dann von Konfabulationen, diese erfolgen leicht und frei, spontan, ohne jede Nötigung. So erzählt eine Patientin, die eine Geburt durchgemacht hat, welche sie vollständig vergessen hatte, immer wieder von Erlebnissen mit toten Kindern, eine Patientin, der von einem Geschlechtsakt erzählt worden war, berichtet von einer Stiege, auf welcher Frauen hinaufgingen u. dgl. mehr. Man hat sich bisher den Eintragungsvorgang offenbar viel zu einfach vorgestellt, als ein mehr oder minder passives Aufnehmen, und hat dabei übersehen, daß mit jeder Eintragung eine Serie von Akten

---

[1]) Über Fehlleistungen des Gedächtnisses bei der KORSAKOFFschen Psychose. Arch. f. Psychiatrie, Bd. 72. 1927.

des Inbeziehungssetzens gekoppelt wird, daß an Stelle eines einfachen Aufnehmens eine große Fülle von gegliederten Einzelakten einzusetzen ist. Wir haben allen Grund, auch beim Normalen einen gleichen „Eintragungsmechanismus" (Engrammbildung) vorauszusetzen. Zunächst wissen wir allgemein, daß die Geistesstörung uns lediglich Mechanismen zeigt, welche auch im Gesunden vorhanden sind, dort aber sehr häufig überdeckt bleiben. Im Sinne dieser Auffassung sprechen jedoch die Erfahrungen beim Wiedererinnern vergessener Namen und die symbolischen Bilder, welche G. E. Müller beim Wiedererinnern beschrieben hat. Es ist wahrscheinlich, daß die Eintragung in die Sphäre in das Netz der räumlich-zeitlichen und logischen Beziehungen, die „symbolische" Einprägung, der sachgemäßen Einprägung vorausgehe. Die Einprägung hat eine Entwicklung vom Sphärischen zum Realen[1]).

Versuche Pötzls[2]) über die Wahrnehmung sprechen in diesem Sinne. Pötzl zeigte, daß „nicht wahrgenommene" Teile tachystoskopisch exponierter Bilder im Träumen erschienen und in den Träumen Veränderungen eingingen. Sie wurden wie unentwickeltes seelisches Material verschoben, mit nicht sachzugehörigem verdichtet, symbolisiert u. dgl. mehr. Hier liegt wohl ein Hinweis darauf, daß das Material, das nicht voll zur Erfassung kommt, in einer anderen, der symbolischen, sphärischen Gegebenheitsweise, da ist. Allers und Theler[3]) konnten zeigen, daß nach kurzer Expositionsdauer von Bildern die nicht aufgefaßten Teile des Bildes in Assoziationen auftauchten, freilich wurden sie in ähnlicher Weise entstellt und verlagert, wie das bezüglich des Traummaterials bereits hervorgehoben wurde. Es gehen also bereits komplizierte Akte des Inbeziehungsetzens der Eintragung im eigentlichen Sinne voraus. Offenbar werden die symbolischen Vorstufen wieder lebendig, wenn der Wiedergabe (Ekphorie Semons) sich Schwierigkeiten in den Weg stellen. Vielleicht läuft aber auch die Ekphorie überhaupt gesetzmäßig über das symbolische Netz: die Sphäre.

Keine Diskussion über das Gedächtnis sollte an der Erkenntnis vorbeigehen, daß der Akt der Reproduktion, die Ekphorie, auch dann, wenn er willkürlich geleistet wird, nur möglich ist, wenn unser Bedürfnis, unser innerer Wille die gegenwärtige Situation im Bilde der Vergangenheit betrachtet. Gedächtnisleistungen erwachsen aus der gegenwärtigen Situation, welche Teilstücke der Vergangenheit lebendig werden läßt.

---

[1]) Vgl. den Aufsatz Schilder, P.: Über Gedankenentwickelung. Zeitschr. f. d. ges. Neurol. u. Psychiatrie, Bd. 59. 1921, und Seele und Leben. Berlin: J. Springer. 1923.

[2]) Experimentell erzeugte Traumbilder. Zeitschr. f. d. ges. Neurol. u. Psychiatrie, Bd. 37. 1917.

[3]) Über die Verwertung unbemerkter Teileindrücke bei Assoziationen. Zeitschr. f. d. ges. Neurol. u. Psychiatrie, Bd. 89. 1924.

Aus Bedürfnissen und Instinkten, welche die Vergangenheit zu Hilfe rufen.

Gedächtnis ist demnach sowohl in der Phase der Einprägung als auch in der der Wiedergabe ein aktiver Prozeß, ein Inbeziehungsetzen, ist also Denken, nur daß beim eigentlichen Erinnern das Denken auf die Wiederherstellung der Vergangenheit abzielt. Jedenfalls dürfen wir erwarten, daß wir über das Wesentliche des Gedächtnisses — und wohl auch des organischen Geschehens überhaupt nur durch eine Analyse des Denkens etwas erfahren können. Wenn man bisher den Gedächtnisvorgang zum Vergleich mit dem organischen Geschehen heranzog, so ist offenbar hiefür maßgebend gewesen, daß das Gedächtnis als mechanisch faßbar erschien. Hier scheint lediglich die Assoziation zu walten. Hier hat die experimentelle Psychologie ihre größten Triumphe gefeiert, und EBBINGHAUS[1]) konnte mittels seiner Ersparnismethoden und mittels der Methoden des Lernens sinnloser Silben Gesetzmäßigkeiten für das Gedächtnis und die Einprägung finden, welche eine kurvenmäßige Darstellung der Gedächtnisvorgänge gestatteten. In diesem Gedächtnis kommt etwas zum Ausdruck, was in der Peripherie des Ichs gelegen ist, etwas, was weitgehend mechanisiert ist, aber ist das wirklich das Gedächtnis? Es ist, wie BERGSON[2]) ganz richtig gesehen hat, nur eine Teilansicht des Gedächtnisses. Das Gedächtnis, soweit es auf das Handeln zugeschnitten ist. Vielleicht wäre es sogar richtiger zu sagen: das Gedächtnis, wie es auf eine bestimmte, etwa die mechanische Form des Handelns eingestellt ist. Das wahre Gedächtnis ist ebensowenig mechanisch wie das Denken. Die EBBINGHAUSschen Lernversuche zeigen nur eine bestimmte erstarrte Perspektive des Gedächtnisses und Denkens, und auch diese nur unvollständig. Dieses „EBBINGHAUSsche Gedächtnis" wäre vergleichbar mit jenen Teilen des Organismus, die unplastisch gewordene starre Form sind, welche im eigentlichen Sinn unlebendig sind und nur mechanisierte Funktionsabläufe gestatten.

Dem Denken haben wir uns zuzuwenden. Wir haben zunächst einmal in Betracht zu ziehen, daß das Denken stets den Gegenständen zugewendet ist. Es zielt auf etwas. Im Grunde ist das Denken bereits ein Ansatz zum Tun. Würde sich das Denken widerspruchslos durchsetzen, so würde es nicht der Fülle des Gegenstandes gerecht werden, auf den es abzielt. Erst die Reibungen und Hemmungen des wirklichen Gegenstandes in seiner Fülle bewirken es, daß der zum Gegenstand hinzielende Wille gehemmt wird. Jeder Denkakt, der die Fülle der Wirklichkeit berücksichtigt, stößt immer wieder mit Gegenantrieben

---

[1]) Über das Gedächtnis. Leipzig 1885.

[2]) Materie und Gedächtnis; vgl. übrigens auch POPPELREUTER: Über den Versuch einer psychophysischen Lehre von der elementaren Assoziation und Reproduktion. Monatschr. f. Neurol. u. Psychiatrie. Bd. 57. 1915.

zusammen. Hiezu kommt, daß jeder Denkakt vom Allgemeinen beginnt und erst vom Allgemeinen her zum Besonderen vorstößt, hiebei wird die Sphäre durchlaufen: das System des individuellen und sachlich zugehörigen Materials. Das Denken beginnt im allgemeinen im großen Kreis und stößt hier, immer wieder von neuem gehemmt, durch neue Sachantriebe anderer Art gestört, welche zu den Einzelheiten der Dinge hinzielen, zum Einzelnen vor, wofern es. nicht, lediglich am Erlebnis der Einzelwahrnehmung haftend, sich dem nur Einzelnen zuwendet. In dieser Sphäre liegt die Quelle des schöpferischen Denkens, das fortwährend neue Beziehungen schafft. Freilich werden auch Komplexe allgemeiner Art immer wieder vorgebildet und dann ergänzt[1]), wie es denn überhaupt für den Fortgang des Denkens charakteristisch ist, daß es nicht etwa linear fortschreitet, sondern daß im Fortgang des Denkens immer wieder größere Ganze gebildet werden, Schemen, Diagramme, von welchen aus dann weitere Einordnungen erfolgen. Das Denken durchläuft ganze Reihen von Diagrammen und kommt gerade hiedurch vom Allgemeinen zum Besonderen. Der Bilderreichtum des Denkens wird im allgemeinen um so größer, je stärker die Hemmungen durch Zwischenantriebe hervortreten. Geht das Denken reibungslos, so überwiegen im Denken die blassen Wortvorstellungen, oder es kommt zu den gar nicht sinnlich repräsentierten Gedanken. Bilder entstehen dort, wo sich zwei Tendenzen kreuzen, wo die Handlung und das Wollen gehemmt sind. Letzten Endes muß aber der Gedanke doch wieder handlungsbereit werden, er muß alle Bilder überwinden, aber so, daß man den Reichtum des Denkaktes sehen kann an der Fülle der überwundenen Bilder. Denn nur in den Bildern, in der Sphäre ist es möglich, dem Reichtum, der Fülle der Wirklichkeit gerecht zu werden. Es ist selbstverständlich, daß auf dem Wege vom Allgemeinen zum Besonderen, auf dem Wege durch die Sphäre alles individuelle Material, das nur im entferntesten sachzugehörig ist, mobilisiert wird. Denken kann nicht verstanden werden ohne die Annahme eines strebenden und wollenden Ich, eines Ich, das zu dem Gegenstand hinstrebt.

Fragen wir uns nun, inwieweit der bisher entskizzierte Entwicklungsgang des Denkens uns einen Einblick in die schaffende Natur, die natura naturans gebe. Der primitivste Organismus — Abbild des primitivsten Ich — strebt gleichfalls auf direktem Wege zum Gegenstand und seiner Einverleibung hin. Er ist vielleicht imstande, ihn zu erreichen. Aber es bleibt ein unbefriedigender Rest, weil ja der primitive Organismus nicht der Fülle des Gegenstandes gerecht wird, nur seinen allgemeinen Qualitäten. Es bleibt ein ungelöster Rest, zunächst eine Unbefriedigung.

---

[1]) Z. B. SELZ: Gesetze des geordneten Denkverlaufes. Stuttgart: Spemann. 1915. Zur Psychologie des produktiven Denkens und des Irrtums. Bonn: Cohen. 1922.

Das nicht als Licht Erfaßte hinterläßt eine Spannung. Der Pigmentfleck macht die Spannung möglich. Diese Spannung verbleibt innerhalb der Sphäre und wird gerade hiedurch organbildend (wie wir das auch in der Pathologie der Menschen sehen, daß die mächtigsten organischen Wirkungen von der Spannung ausgehen). Ebenso wie in der Phantasie die Bilder durch Hemmung entstehen, so entsteht auch die Wahrnehmung an der Hemmung, oder besser nicht die Wahrnehmung selbst, sondern die Differenzierung der Wahrnehmung. Denn Lebendiges ist Wahrnehmung, Lebendiges hat ein Ding vor sich, hat einen Körper. Die Relation aller Wahrnehmung ist grundsätzlich dreigliederig. Ein Gegenstand tritt dem Ich gegenüber und etwas geht gleichzeitig am Körper vor. Jede Hemmung der Handlung schafft ein Bedürfnis, jedes Bedürfnis setzt organbildende Spannung. Aber diese organbildende Spannung schafft das Bild oder besser gestaltet die Bildmöglichkeiten, die vorgegeben sind. Jedes entstandene Bild ist ein Vorstoß in die Wirklichkeit, die dann wieder ein Handeln, welches durch das Bild ermöglicht wird, bewältigt. Organe sind also Organe zur Wirklichkeitserfassung. Die Realität in ihrem Reichtum, welcher stets unbefriedigt läßt, zwingt immer wieder zur neuen Anstrengung, zu neuem Bedürfnis, zur neuen Organgestaltung. Sei es, daß sie Flucht, sei es, daß sie Zuwendung erfordert. Gibt nun das Denken einen Hinweis auf die Organentstehung, so gibt es nun noch einen weiteren Hinweis auf die Entstehung der organischen Form. Die Bilder, die Vorstöße im Denken, sind nicht etwa lediglich vereinzelt, sondern sie treten serienweise illustrierend auf, man sieht nun wieder, wie eine Fülle von Bildern erscheint, die immer neuen Vorstößen zur Wirklichkeit entsprechen. Ich habe derartiges an schizophrenen Denkgebilden gezeigt und habe den Vergleich gebraucht, der Gedanke spiegle sich gleich einer Kerze zwischen zwei schräg gestellten Spiegeln. Dieser Tatbestand hat aber eine Bedeutung, welche weit über die Schizophrenie hinausgeht. Es zeigt sich lediglich nur etwas in der Schizophrenie vergröbert — wie so oft —, was auch im normalen Denken bedeutsam ist. Aber die Vorstufen des Denkens sind dem Formenreichtum der belebten Natur analog. Die Gebilde der Phantasie, die Gebilde der Sphäre sind vergleichbar den Gebilden des Belebten. Die Analogie kann und muß noch weiter getrieben werden. Ich habe oft hervorgehoben, daß die Denkgebilde nach schematischen Gebilden orientiert sind. Auch die organische Form gruppiert sich nach Arten, zu welchen die Zwischenglieder häufig zu fehlen scheinen. Der Denkprozeß kann nicht verstanden werden ohne Hinweis auf alle jene Härten und Schwierigkeiten, welche die Realität bietet. Die Realität bietet uns mit Notwendigkeit Gegenstände, welche zu durchkreuzenden Impulsen führen, welche teilweise wieder unterdrückt werden müssen. Ohne die Wirklichkeit mit ihren Angriffspunkten für verschiedene Impulse würde der Organismus sich nicht entwickeln. So wird der Organismus zum Beweise für die äußere Welt. PAULY leugnet eine Zielstrebigkeit, welche nur im Organismus selbst läge. Das individuelle Bedürfnis ist für ihn der maßgebende Faktor. Aber ist es nicht das grundsätzliche Unbefriedigtsein des Organismus, welches ihn in immer neue Berührung mit der Welt treibt und immer wieder neue Organe hervortreibt? Wir haben aber eindringlich die Tatsache der Konvergenz betont. Der Organismus hat eben nur eine begrenzte Möglichkeit von Antworten. Ebenso wie die Reaktionsmöglichkeiten des Ich nur begrenzte sind. (Prinzipe des gleichförmigen seelischen Geschehens — MARBE.) Hieher gehört es auch, daß bei Pflanzen und bei Tieren homologe Reihen von Mutationen beobachtet werden. Dieselben Mutationen, welche bei einem Nagetier auftreten, finden sich in derselben Weise bei den verwandten Nagern. Aber schließlich bietet denn die Außenwelt nicht auch wieder nur typische Situationen? In der Psychoanalyse sehen wir immer wieder, daß die Grundpfeiler des Denkens bei den verschiedensten Individuen weitgehend identisch sind. Die vielfach angefochtene, aber gleichwohl richtige Symbollehre der Psychoanalyse zeigt, daß die Symbolik universell ist. Wir haben allen Grund anzunehmen, daß sich jedes individuelle Denken erhebt auf einen Sockel, welcher überindividuell ist. JUNG[1]) spricht von urtümlichen Bildern. Ähnlich wie die Art gewisser Grundzüge zeigt, welche im Individuum abgeändert erscheinen. Man hat oft darauf verwiesen, daß die funktionellen Abänderungen nie die eigentlichen Artcharaktere treffen, und daß andernteils die Artcharaktere nichts Unmittelbares mit Nützlichkeit und Schädlichkeit zu tun haben. Das ererbte Gut, das Mitbekommene, aus zahllosen Generationen Stammende ist lediglich „organisches Gedächtnis" und nicht mehr oder nur in geringem Grade den Schwankungen der jeweiligen Bedürfnisse unterworfen. Auf der anderen Seite zeigt sich in der Mutation, daß der Organismus eine begrenzte Reihe von Antwortmöglichkeiten in sich hat. Offenbar handelt es sich um archaisches Gut, das noch antwortmäßig verwertbar ist. Der Begriff der Mutation besagt, daß es sich um plötzliche Abänderung handle. Auch im Denken treten die neuen Möglichkeiten plötzlich ein, sie erscheinen wie unvorbereitet, obgleich sie es in Wirklichkeit nicht sind. Aber noch etwas ist uns bei der Mutation auffällig, die Mutation schien gar keine unmittelbaren Beziehungen für äußere Reize zu haben, sie erfolgt scheinbar sinnlos. Sie erfolgt auch — bei Schmetterlingen — gleichgültig, ob Hitze oder Kälte angewendet wird. Es besteht eine weitgehende Unabhängigkeit vom äußeren Reiz. Meist ist es freilich Überfluß, der die Mutation bewirkt. Aber auch hier können wir auf die Eigenart des Denkens verweisen. Auch das Denken gibt nicht nur

---

[1]) Wandlungen und Symbole der Libido. Jahrb. f. Psychoanalyse, Bd. 3/4. 1912.

rationelle Antworten auf Schwierigkeiten, welche sich im Denken bieten, es eröffnet ein Reservoir, aus vielen Schleusen strömen Lösungsmöglichkeiten hervor. Auch darf man nicht vergessen, daß Sinn ein relativer Begriff ist.

FREUD hat den Traum als sinnvoll erkannt. Es ist ein Sinn tieferer Stufen. Es ist eine symbolische Antwort. Wir werden gerade in der Sphäre auf solche symbolische Antworten zu rechnen haben. Schließlich ist nach analytischer Traumlehre jeder Traum eine Antwort auf den ungelösten Tagesrest, eine Antwort, welche aus der Tiefe her vorbereitet ist und mit den Mitteln des archaischen Denkens erfolgt. Nur vom archaischen sphärischen Denken her, vom System Unbewußt FREUDS haben wir Aussicht, den Organismus zu verstehen. Wir haben allen Grund, die Organismenwelt als Ganzes anzusehen. Es gibt offenbar nur ein Leben, das sich in den verschiedensten Formen darstellt, aber doch immer wieder Leben ist. Man kann auch einen geheimnisvollen Zusammenhang zwischen allen Gliedern des Lebendigen sehen: Ähnlichkeit der Form und Gestaltung und Kooperation. Hier ist neuerdings auf die Konvergenz zu verweisen. In jeder neuen Gestaltung der organischen Form entfaltet sich eine neue Möglichkeit des Lebens, welche gleichzeitig wiederum zu den Dingen hinführt, ein neues Werkzeug zur Bewältigung der Wirklichkeit und damit gleichzeitig auch ein Werkzeug zur besseren Erkenntnis der Wirklichkeit; betrachten wir den Einzelerkenntnisakt, so ist eben charakteristisch, daß er aus der Fülle der Reaktionsmöglichkeiten gegenüber der Sphäre aus den Massenreaktionen, welche ihn ermöglichen, ein einzelnes herausschneidet; keine en-bloc-Reaktion, sondern eine Einzelreaktion, welche gestattet, das Ganze in die Teile zu zerlegen.

Noch einige wichtige Fragen, den Denkakt betreffend, tauchen auf: Der Denkakt kann einesteils betrachtet werden nach dem, was gedacht wird. Man kann ihn aber auch betrachten nach dem, was nicht gedacht wird. Zweifellos ist das Niederhalten von sachlich nicht Zugehörendem ein unendlich wichtiger Bestandteil des Denkaktes. Die Psychoanalyse stellt uns hiefür den Verdrängungsbegriff zur Verfügung. Wir wissen, daß unangenehmes Wichtiges dann dem Individuum aus dem Blickkreis entschwindet, wenn das Individuum nichts davon wissen will. Es handelt sich aber nur um einen Spezialfall eines allgemein verbreiteten Geschehens. Wenn ich irgend etwas denken, wahrnehmen will, so halte ich eine unendliche Fülle von Eindrücken davon ab, ins Bewußtsein zu kommen, ich schiebe sie beiseite. ACH hat für diesen Sachverhalt den Ausdruck der Determination und der determinierenden Tendenzen geprägt. Die Determination läßt im Denkakt eine Fülle von Einfällen gar nicht auftauchen, sie bewirkt auch, daß unter dem bereits aufgetauchten Material vieles verworfen und zurückgeschoben wird. Sie wirkt also als doppelter

Filter. Hier ist aber auf die grundlegenden Scheidungen Drieschs von prospektiver Potenz und prospektiver Bedeutung zu verweisen. Eine Zelle des Zweizellen-Stadiums von der andern isoliert (Seeigelei) ist fähig, den ganzen Embryo zu bilden. Ihre prospektive Potenz wird jedoch nicht voll entfaltet. Offenbar hemmt der Gesamtplan des Organismus die Entfaltung der Einzeltendenzen, Einzelpotenzen. Die bewunderungswerten Experimente Spemanns zeigen, daß $^1/_{16}$ Furchungskeim und das halbe Protoplasma des Tritoneies noch alle Anlagen für einen normalen Embryo enthalten. Ein weiterer Versuch: „Man entnimmt also zwei Keimen zunächst gleicher Art und gleichen Alters, z. B. Triton taeniatus, zu Beginn der Gastrulation je ein kleines Stück Ektoderm aus der Gegend der späteren Medullarplatte und der späteren Epidermis und tauscht sie gegeneinander aus. Beide Stücke entwickeln sich dann ortsgemäß weiter. Die präsumtive Medullarplatte wird innerhalb der Epidermis zu Epidermis, die präsumtive Epidermis innerhalb von Medullarplatte zu Medullarplatte. Die Eigenart dieses Ergebnisses wird besonders deutlich, wenn man den Austausch etwas später nach Beendigung der Gastrulation und Sichtbarwerden der Medullarplatte vornimmt. Dann heilen die beiden Stücke zwar zunächst auch ein, aber die Verbindung ist keine dauernde. Das Stück Epidermis wird aus der Medullarplatte wieder ausgestoßen, das Stück Medullarplatte von der Epidermis überwachsen und in die Tiefe versenkt. Dort entwickelt es sich nicht ortsgemäß, sondern herkunftsgemäß weiter, das heißt es wird zu einem Stück Hirnsubstanz, gegebenenfalls mit einem Auge[1]). O. Mangold[2]) hat Probestückchen aus Gastrulationsstadien von Triton cristatus, welche normalerweise ektodermale Organe, wie Gehirn oder Epidermis, gebildet hätten, an geeigneten Stellen von Triton taeniatus verpflanzt. Sie nahmen an der Gastrulation teil und bildeten, ins Innere der Keime gelangt, die Anlage des Darmes, der Muskulatur und der Vorniere mit, also Organe von ento-mesodemaler Abkunft. „So weit geht noch die Indifferenz der Stücke von so verschiedener prospektiver Bedeutung", sagt Spemann hiezu. Wir können also sagen, daß ein Teil von Möglichkeiten vom Organismus nicht nur nicht genützt, sondern sogar im Interesse des Ganzen unterdrückt wird. Hier ist ja auch an die weitgehenden Einschmelzungen zu erinnern, die etwa im Verlauf einer Metamorphose stattfinden. Offenbar haben wir hier eine Analogie zu jenen Gedankenstücken, welche aufflammen, aber wieder verworfen werden. Der zweite Anteil jenes doppelten Filters, welcher bei jeder determinierenden Tendenz wirksam ist, entscheidet nicht nur darüber, was gebildet wird, sondern auch, ob das einmal Gebildete verwertet oder verworfen werden soll. Nun wirken die determinierenden

---

[1]) Naturwissenschaften, H. 12. 1924.
[2]) Arch. f. mikroskop. Anal. u. Entwicklungsmech., Bd. 100.

Tendenzen nicht lediglich in zweifacher Schichtung, sondern es handelt sich um ein kompliziert gebautes System verschiedenster Schaltungen. Denn entsprechend jedem Ziele gibt es eine determinierende Tendenz, welche bedeutet, daß all das verworfen wird, was der determinierenden Tendenz nicht entspricht. Man hätte also zweckmäßigerweise den Ausdruck: zwei Staffeln zu ersetzen durch den Ausdruck: zweier Systeme von Tendenzen.

Nun sind nach der hier vertretenen Ansicht die Probleme der individuellen Formgestaltung die gleichen, wie die Probleme der Artgestaltung. Die Lehre DARWINS wäre einer Lehre vom Denken vergleichbar, welche die Wirkung der determinierenden Tendenz lediglich als Ausschaltung bereits entwickelter Formen ansieht, aber eine jede derartige Betrachtung des Denkaktes wäre unvollständig; welche Triebrichtungen kommen denn in der Gestaltung der Formen zum Ausdruck? Wir können auch den Denkakt nicht verstehen, wenn wir lediglich fragen, was ausgeschieden wird und nicht nach dem, was gebildet wird. Nach den Untersuchungen von SPEMANN[1]) gibt es ein Organisationszentrum in der Nähe der oberen Urmundlippe, ein Organisationszentrum, welches offenbar der Ausdruck des positiven Anteils determinierender Tendenz ist.

Wir haben uns dem MENDEL-Problem in neuerlicher Anstrengung zu nähern. Eine weitgehende Selbständigkeit der einzelnen Gene der mendelnden Faktoren ist anzunehmen. Sie sind keineswegs besonders leicht abänderbar, so viel haben die Gegner des Lamarckismus jedenfalls gezeigt, aber gleichwohl treten fortwährend Mutanten auf, die sicherlich nicht ursachenlos sind: auch wenn diese Mutanten bei verwandten Tieren einander weitgehend entsprechen, können sie gleichwohl nicht lediglich aus inneren Ursachen erfolgen. Sie müssen mit dem Organismus als Ganzem und seinen Beziehungen zur Außenwelt zusammenhängen. Offenbar sind sie Antworten in einer primitiven Sprache. Nun ist es beachtenswert, daß es sicherlich Verlustmutationen gibt für ganze Gruppen von Genen, also offenbar auch hier wieder der positive und negative Anteil determinierender Tendenzen; hiezu ist noch zu bemerken, daß es sich, wie oben ausgeführt, bei dem Erblichwerden von Modifikationen im Grunde nur darum handelt, daß die Modifizierbarkeit in der früheren Richtung wieder verlorengeht, also offenbar eine Erscheinung, welche durch das Ausscheiden von Gruppen von Genen hinreichend geklärt werden könnte. In dieser Hinsicht ist es wiederum bemerkenswert, daß man die Mutationen der einzelnen Gene (Faktorenmutation) zuerst an rezessiven Merkmalen beobachtet hat; allerdings hat man in der letzten Zeit auch viele dominante Mutanten gefunden. Es scheint also, daß auch die Gene in ihren Veränderungen „determinierenden Tendenzen" unterliegen, daß auch hier ein Ziel, ein Zweck, der bald positiv bestimmte Änderungen

---

[1]) Neue Arbeiten über Organisatoren in der tierischen Entwicklung. Naturwissenschaften, H. 15. 1927.

erzeugt, bald unerwünschte Möglichkeiten ausschaltet. In dieser Hinsicht ergeben sich gewisse Analogien zum Vorgang der Dominanz und Rezessivität. Schließlich liegt im Rezessivwerden eines Merkmales eine Erscheinung vor, welche der Verdrängung auf das engste verwandt ist. Man sieht aber wiederum, in wie vielen Schichten und Ebenen sich der organische Prozeß abspielt, denn die Veränderung am Gen gehört aber einer ganz anderen Schichtung zu als die Veränderungen, welche aus den Beziehungen der Gene heraus an den Eigenschaften auftreten. Es bedürfte übrigens, wie BLEULER mit Recht bemerkt, einer besonderen Erklärung, warum die MENDEL-Spaltungen lediglich nach den Gesetzen der Wahrscheinlichkeit vonstatten gehen. Ist es nicht sonderbar, daß die komplizierte Aufspaltung des Kernes in die Kernschleifen letzten Endes dazu führt, daß das Chromosomenmaterial in der Längsachse halbiert wird? Hängt es wirklich nur von den Genen ab, welches Gen zur Wirksamkeit komme und in welcher Weise die Gene verteilt werden? Die Wahrscheinlichkeit sagt ja immer wieder nur etwas über das Gesamtresultat, aber nichts über den einzelnen Fall. Die Möglichkeit bleibt jedenfalls offen, daß die aktuellen Probleme des Organismus im gegebenen Rahmen den Einzelfall bestimmen. So würden wir auch in bezug auf das MENDEL-Problem zu der Auffassung gelangen, daß die Umgestaltung der Gene, die Verlustmutation, zu Phasen des Denkens analogisiert werden könne. In einer anderen Ebene entspricht die Rezessivität den Vorgängen der Verdrängung.

Es ist also nicht nur die individuelle Entwicklung des Organismus unter dem Gesichtswinkel des Denkens und Handelns, welche sich mit der Realität auseinandersetzt, zu betrachten, sondern auch die Entstehung der Arten. Denn Wünsche, Ziele, Handlungen des Individuums wirken auch auf das Keimplasma, und der im Individuum bestehende Wille zur Bewältigung der Welt wirkt über das Individuum hinaus, so daß in jeder organischen Form Probleme der Voreltern mit übernommen werden. Einige weitere Analogien zum Denkvorgang im organischen Geschehen seien erwähnt. Wir wissen durch FREUD, daß immer dann, wenn im aktuellen Leben die Problemlösung mißlingt und die Triebbefriedigung versagt wird, daß dann eine Befriedigung auf einer tieferen Stufe angestrebt wird; wir sprechen von einer Ersatzbefriedigung im neurotischen Symptom, wobei das neurotische Symptom eine kindlichere Weise der Befriedigung darstellt. Wir bleiben niemals unbefriedigt, immer wieder gestaltet sich das Individuum eine Welt, in der eine Befriedigung möglich erscheint, das psychische System bleibt also immer wieder ein Ganzes und eine Befriedigung bleibt erreicht. GOLDSTEIN[1]) hat gezeigt, daß, wenn Hemianopsie, Halbseitenblindheit,

---

[1]) Zuletzt: Die Beziehungen der Psychoanalyse zur Biologie. 2. Kongreß für ärztliche Psychotherapie. Leipzig: F. Hirzel. 1927.

eintritt, der Kranke gleichwohl ein neues Gesichtsbild bildet, indem
er die Stelle des deutlichsten Sehens von der Mittellinie wegverlegt.
Bei niedrigen Organismen (Hydra planaria) wird bei großen Material-
verlusten der Körperrest (sogar ohne Nahrungsaufnahme) als Ganzes
verarbeitet; er bietet dann das verkleinerte, aber proportionierte Abbild
des unverletzten Organismus dar: Morphallaxis. Handelt es sich hier
um eine Wiederherstellung des Systems durch quantitative Änderungen,
so finden wir bei der Regeneration hinreichend viele Beispiele für qualitative Änderungen des Systems in dem Sinne, daß primitivere Stufen
wieder in Erscheinung treten. Eidechsen regenerieren ein phylogenetisch
älteres Glied, wenn ein Glied amputiert wurde. Hieher gehört es auch,
daß nach groben organischen Hirnläsionen primitive Mechanismen in
Erscheinung treten. So tritt nach Pyramidenbahnläsion bei Reizung der
Fußsohle an Stelle der Zehenbeugung Streckung der großen Zehe, die
Wiederkehr einer Verhaltungsweise der früheren Kindheit. So treffen
wir überall im Organischen die Arbeitsweise des Psychischen. FERENCZI
faßt die Autotomie als Analogon zum Verdrängungsvorgang auf. Das
Verzichten auf einen Teil des Organismus, der nicht mehr wertvoll
erscheint, das absichtliche Abbrechen, die Selbstverstümmelung, gehört
in der Tat gleichfalls zu Einwirkungen, die der negativen Determination,
der Verdrängung, verwandt sind. Es handelt sich um die Einrichtung,
daß viele Tiere auf einen geringfügigen Reiz hin Teile ihres Körpers
abtrennen, wodurch lediglich diese Teile dem Angreifer verbleiben.
Allerdings handelt es sich nur um eine offenbar nicht fundamentale
Gestaltung des Verdrängungsprinzips im Organismus. Im Organismus
wie im Seelischen sehen wir, daß immer wieder die gleichen Prinzipien
in verschiedenen Staffeln wiederkehren.

Trieblehre

Nach allem stellt sich uns die Artgestaltung als ein Streben zur
Triebbefriedigung, als ein Streben zu den Dingen hin, dar. Dieses Streben
basiert einesteils auf den phylogenetisch alten Triebregungen und
Reaktionen, welche in der Form ihren Niederschlag gefunden haben.
Andernteils bleibt eine Plastizität während der Ontogenese erhalten,
ja auch nach dem Abschluß der individuellen Entwicklung bleiben nicht
nur Reaktionsmöglichkeiten bestehen, sondern die lebendige Funktion
fließt immer wieder in die organische Form ein. Onto- und phylogenetische
Anpassung (Modifikation und Mutation) erfolgen freilich nach den
vorgegebenen Möglichkeiten der lebendigen Substanz des Protoplasmas.
Zwischen den Möglichkeiten, die sich bieten für die Gestaltung des
Lebendigen, findet eine Auswahl statt, diese ist eine doppelte. Einesteils
formt sich der Organismus in enger Beziehung zu den Dingen und zu

der Außenwelt, die er erfaßt, andernteils merzt das Außengeschehen mancherlei von dem Gestalteten wieder aus. Der Prozeß der Entwicklung der Arten ist so eine Entwicklung der Möglichkeiten der lebendigen Substanz, eine Entwicklung, welche von der Außenwelt und ihren verwickelten Gestaltungen gelenkt wird. In der organischen Form drückt sich daher sowohl das Wesen der Welt als auch das Wesen der lebendigen Substanz aus, auf den Wegen zu den Dingen breitet das Lebendige die ihm zukommenden Eigentümlichkeiten aus, und wir haben keinen Grund anzunehmen, daß es nur zufällig sei, was sich an den Dingen und an dem Lebendigen manifestiere.

Das Prinzip aller Triebhaftigkeit bedarf jetzt neuerlicher Durchleuchtung. Wir betrachten in diesen Erörterungen den Trieb als psychophysisch neutral, das heißt er erscheint sowohl als psychisch Erlebtes als auch als körperlich Seiendes, ohne daß wir zunächst uns darüber Gedanken machen würden, in welcher Beziehung das Erlebte zu dem in der objektiven Welt Beobachtbaren stehe[1]). Triebhaftigkeit strebt, wie wir das bezüglich der Handlung auseinandergesetzt haben, nach Erfüllung. Nur freilich, daß das Ziel der Handlung klarer und distinkter gegeben erscheint, während der Gegenstand des Triebes der Differenziertheit des Zieles der Handlung entbehrt. Aber es sei betont, ich sehe im Trieb und in der Triebhandlung etwas, das dem Wesen nach der motivierten Absicht und Handlung weitgehend entspricht und von der Handlung her am besten verstanden werden kann. Ich habe immer wieder hervorgehoben, daß im Vergleich zur Handlung das Triebgeschehen verwickelter ist. Kehren wir nach dieser Zwischenbemerkung zu unserem Satze zurück, Triebhaftigkeit strebe nach Erfüllung. Diese Erfüllung ist ihrem Wesen nach zwiespältig. Sie kann niemals vollständig sein, im Erleben des Triebes ist bereits die mögliche Erfüllung als eine unvollständige gekennzeichnet; das spezifische Lebendigsein liegt im triebhaften Streben, das die Erfüllung des Triebes überdauert. Sicher ist, daß vollständige Erfüllung nicht Triebziel werden kann; es ist nicht richtig, wenn FREUD die Ruhe als das Ziel des Lebendigen ansieht[2]). Ich möchte geradezu sagen, daß das triebhaft strebende Individuum die Triebbefriedigung unter der Bedingung wolle, daß neue Unbefriedigung, Sehnsucht komme. Wesen des Triebes ist seine Unersättlichkeit und daß er in der Befriedigung nach neuen Zielen aussieht: „so tauml' ich von Begierde zum Genuß, und im Genuß verschmacht' ich nach Begierde‘‘.

Es mag der Wunsch des endgültigen Ruhens in jedem Triebe sein, und in der Gestaltung der Triebe mag diese Ruhesehnsucht in individuell verschiedenem Maße hervortreten. Es wäre verkehrt zu übersehen,

---

[1]) Dies ist auch der Standpunkt FREUDS.
[2]) Jenseits des Lustprinzips.

daß der mächtigste Trieb auch stets die Sehnsucht nach Ruhe in sich schließt. So ist auch der stärkste der Triebe, der Sexualtrieb, verlötet mit der Ruhesehnsucht, daher die enge Verbindung Liebe — Tod. Deshalb erscheint es mir nicht als glücklich, wenn Freud den Todestrieb, den Wunsch nach dem Aufhören, nicht auch den Sexualtrieben zuweist. Erkennt man in dem oben dargelegten Sinne einen Todeswunsch an, so liegt er in jedem Triebe eingeschlossen[1]).

Damit kommen wir zu dem wichtigen Problem der Triebarten, an welchem die Naturphilosophie nicht vorübergehen kann. Eine jede Trieblehre baut sich letzten Endes über dem Bewußtsein auf, daß die Triebe einen gemeinsamen Trieburgrund haben, eben in der unzerstörbaren Einheit des strebenden Individuums; gleichwohl gibt es Sondergestaltungen der Triebe, welche sich miteinander verschlingen und gegeneinander kämpfen. Jung[2]) betont die Gemeinsamkeiten der Triebe. Freud sondert Ichtriebe und Sexualtriebe. Was als Ichtrieb, was als Sexualtrieb zu gelten habe, darüber hat Freud seine Meinung wiederholt geändert. Nach seiner gegenwärtigen Anschauung sind Ichtriebe Todestriebe, welche das Individuum seinem ihm vorbestimmten Ende zuführen. Wird dieser der Zerstörung des eigenen Ich geltende Trieb nach außen gewendet, so erscheint er als Destruktion, als Sadismus. Das Lebendige strebe dem Anorganischen zu, das früher da war. Dem gegenüber erscheint der Eros, der Sexualtrieb, als Lebenstrieb, der die Schärfe der Destruktion zu mildern bestrebt ist. Die Sexualregungen sind teils solche, welche dem eigenen Ich gelten: Narzißmus, teils solche, welche den Objekten zugewendet sind (Objektlibido). Die Triebhandlungen des täglichen Lebens sind Mischungen der beiden Triebarten. In den destruktiven Haßtendenzen tritt nach Triebentmischung der Todestrieb rein hervor. Ich selbst bin freilich geneigt, in dem Wunsch des Fassens, Haltens, Bewältigens wiederum einen wesentlichen Bestandteil allerTriebhaftigkeit zu sehen und auch der Sexualität Sadismus zuzuerkennen. Der Trieb des Fassens, Haltens, Bewältigens — hierin folge ich Freud — ist zweifellos das wesentlichste Stück der Ichtriebe. Eine Trieblehre im naturwissenschaftlichen Sinne ist bezogen auf das, was im Körper vorgeht. Wir haben die Verpflichtung, auf die Organe zu verweisen, die dem Trieb zugrunde liegen; die Sinnesorgane, auch die der Geschlechtsteile, als rezeptorisch empfangende, die Muskulatur, die Drüsen und Blutgefäße als effektorische, in die Welt wirkende Organe. Demgemäß ist

---

[1]) Dieser Einwand gegen die jüngsten Formulierungen Freuds sei mit der Bemerkung verknüpft, daß das meiste von dem, was wir über das lediglich Formale hinaus von den Trieben wissen, Freud zu verdanken ist, und daß erst seine Forschung die Diskussion solcher weittragenden Probleme ermöglicht hat.

[2]) l. c.

die von Jaspers aufgeworfene Frage, ob es nicht auch Triebe zum Höheren, Geistigen gebe, eine sinnlose und verkennt die Frage nach der naturwissenschaftlichen Klassifizierung. Nicht daß ich den Trieb nach dem Höheren als solchen leugnen würde, aber auch er ist, falls er naturwissenschaftlich faßbar werden soll, auf den Körper und seine Organe zu beziehen. Auch Geistiges kann nicht anders als auf dem Wege des Körpers zufließen, und gibt es denn einen sinnlichen Trieb, der nicht auch Geistiges meinte, ist nicht die Abtrennung des Geistigen vom Sinnlichen eine späte, ist diese Abspaltung nicht immer unvollkommen und tauchen nicht unsere geistigsten Interessen in das Körperliche hinein?

Aber gibt es einen Todestrieb? Meine Erfahrungen an Sterbenden sprechen dagegen[1]). In den Sterbenden leuchtet gegenüber der drohenden Gefahr der Wunsch nach Erlösung und Leben auf. Der Tod wird zum Beginn des neuen Lebens, man kann die Spuren dieser Geisteshaltung leicht in den Mythologien und Religionen nachweisen. Gleichwohl aber gibt es unleugbar einen Tod; sollte im organischen Leben doch Seelenloses und nicht Erstrebtes zum Ausdruck kommen können? Dann würden wir unsere Grundeinstellung aufgeben müssen. Ich füge sofort eine weitere Paradoxie hinzu. Zweifellos gibt es eine Fortpflanzung, ob es jedoch einen Trieb nach Fortpflanzung gebe, ist nicht ohne weiteres erweisbar; er scheint nicht ursprünglich zu sein, ist anerzogen, angelernt, blaß im Vergleich zur Gewalt, mit welcher der Trieb zum Sexualobjekt hinstrebt. Aber liegt vielleicht die psychologische Wurzel des Todes in jenem Erfüllungs- und Ruhedrang, welcher dem Trieb als solchem zugehört? Und liegt die psychologische Wurzel der Fortpflanzung nicht in der Unersättlichkeit eines jeden Triebes? So würde sich die Psychologie des Triebhaften doch im organischen Geschehen ausdrücken.

Man versteht nicht die Bewältigungstendenzen den andern gegenüber, die Freude am Starksein, am Unterjochen, wenn man nicht auch gleichzeitig eine Freude am Bestand des anderen und der Welt einsetzt. Irgendwie wünschen wir immer wieder eine Welt und einen Menschen vor uns zu haben. Es gibt eine primäre Güte und Hilfsbereitschaft. Sie kommt etwa bei Kranken mit Hirnerweichung nach dem Abbau gewisser Angriffs- und Bewältigungsfunktionen zum klaren Vorschein, ebenso wie im Naturganzen immer wieder eine Welt vor uns steht und ein Du gegeben ist, so genießen wir auch dieses Du, dem gegenüber Hilfsbereitschaft gegeben ist. Irgend etwas in uns widerstrebt dem völligen Untergang des Du, hat Interesse an seinem Sein. Es ist schwer zu sagen, ob diese Achtung des Du den Ichtrieben oder den Sexualtrieben zugehöre. Nach den ursprünglichen Formulierungen Freuds

---

[1]) Über Stellungnahmen Todkranker. Med. Klinik. 1927.

würde sie den Ichtrieben zugehören; nach seinen neueren wäre sie den Sexualtrieben zuzuordnen. Ich muß gestehen, daß der Trieb des Fassens, Greifens, Haltens den Wunsch nach dem Bestehen der Dinge zur Voraussetzung hat, bin also geneigt, das Interesse an der Welt, am Du, als wesentlichen Bestandteil der Ichtriebe aufzufassen. Der Drang nach Zunahme, nach Überwältigung des anderen, hat die Anerkennung des anderen zur natürlichen Voraussetzung. Gerade an derartigen Fragen wird man gewahr, wie schwer Triebarten klassifiziert werden können. Wir werden immer auf den lebendigen Urgrund alles Triebhaften hingewiesen. Wenn BLEULER schreibt, daß alle biischen (Lebens-) Funktionen solche sind, welche nach Erhaltung des Lebens streben, so muß einer derartigen Formulierung widersprochen werden. Die Triebe streben nach der Welt, nach den anderen Menschen, und die Erhaltung des eigenen Lebens und das der Art ist Folge, aber nicht Ziel. Ebenso wie das Leben folgt der Tod aus den Strebungen des Lebendigen, und der faßbare, erlebbare Gehalt des Triebes reicht ebenso über die Lebenserhaltung hinaus, wie der Sinn und Wert des Lebens nicht darin liegt, daß es erhalten wird.

Lust, Unlust, Einverleibung und Ausstoßung

Keine Trieblehre kann an der Frage nach der Bedeutung von Lust und Unlust vorbeigehen. Man kann ihre besondere Stelle innerhalb der Gefühle nicht verkennen. WUNDT[1]) und LIPPS[2]) ist ohne weiteres zuzugeben, daß eine Gefühlsmannigfaltigkeit bestehe, doch wird man sowohl die Spannungs- und Lösungsgefühle als auch die Gefühle der Beruhigung und Erregung nicht als gleichwertig ansehen dürfen den Gefühlen der Lust-Unlust-Reihe. Sie sind blässer und für die Person wesentlich unwichtiger. Gefühle folgen den Strebungen, sie zeigen sie an, sie sind Signale und nicht Motoren. NIETZSCHE sagt: ,,Die normale Unbefriedigung unserer Triebe, z. B. des Hungers, des Geschlechtstriebes, des Bewegungstriebes, enthält in sich noch nichts Herabstimmendes; sie wirkt vielmehr agazierend auf das Lebensgefühl, wie jeder Rhythmus von kleinen, schmerzhaften Reizen es stärkt, was auch die Pessimisten uns vorreden mögen. Diese Unbefriedigung, statt das Leben zu verleiden, ist das große Stimulans des Lebens. Man könnte vielleicht die Lust überhaupt bezeichnen als einen Rhythmus kleiner Unlustreize" (Aphorismus 697 in ,,Der Wille zur Macht") und weiterhin (im Aphorismus 699): ,,Es gibt sogar Fälle, wo eine Art Lust bedingt ist durch eine gewisse rhythmische Abfolge kleiner Unlustreize: damit wird ein sehr schnelles Anwachsen des Machtgefühles, des Lustgefühles erreicht. Dies ist der Fall z. B. beim Kitzel, auch beim geschlechtlichen

---

[1]) Physiol. Psychologie, 6. Aufl. Leipzig: W. Engelmann. 1908—1911.
[2]) Leitfaden der Psychologie, 2. Aufl. Leipzig: W. Engelmann. 1907.

Kitzel im Akt des Koitus; wir sehen dergestallt die Unlust als Ingredienz der Lust tätig. Es scheint eine kleine Hemmung, die überwunden wird und der sofort wieder eine kleine Hemmung folgt, die wieder überwunden wird — dieses Spiel von Widerstand und Sieg regt jenes Gesamtgefühl von überschüssiger, überflüssiger Macht am stärksten an, das das Wesen der Lust ausmacht."

Offenbar mobilisiert jeder Widerstand eine Fülle von Energien, ähnlich wie geringe Toxinmengen Antitoxin des Körpers im Überfluß bereitstellen. Ebenso wird beim Denkakt durch jede Schwierigkeit eine Fülle von neuen Denkmöglichkeiten eröffnet. Das beste Beispiel bietet die Psychologie der Manie, die so häufig auf eine schwere seelische Erschütterung hin einsetzt und ihre gesteigerten Lustempfindungen, wie ich gezeigt zu haben glaube, nur dadurch immer wieder erhält, daß in ihr eine Fülle von quälenden Erinnerungen immer wieder mobilisiert wird. Sie spült immer wieder alles Quälende herauf, das je erlebt wurde, und die Überwindung dieses Quälenden ermöglicht erst die Entfaltung der lustvollen Tätigkeit. Am Denkakt kann man verfolgen, daß, je größer der Widerstand war, je größer das Hindernis, desto größer die Befriedigung, welche dem Denkakt folgt. Nun haben wir den Widerstand gegen das Erreichen des Denkzieles zu der Organbildung in enge Verbindung gebracht. Organe treten dort auf, wo die Welt Widerstände bietet. Man kann das Gehirn als einen Apparat auffassen, welcher dem Widerstand der Außenwelt gestattet, sich geltend zu machen; durch das Gehirn haben wir eine gegliederte Welt mit größeren Hindernissen vor uns, und man käme zu der Anschauung, daß das Gehirn ein wesentlicher Faktor zur Gewinnung von Lustmöglichkeiten sei. Man könnte dem gegenüber auf die Intuition, das mühelos beglückende Schauen der Eingebung verweisen. Sie scheint leise und ohne Mühe zu kommen. Aber die Durchforschung des Lebens der großen Seher, welche Eingebungen teilhaftig geworden, zeigt, daß sie Ungeheuerliches zu überwältigen hatten, bevor das Schauen kam. Man könnte die tatenlose Seligkeit Katatoner und Säulenheiliger als Gegenbeweis heranziehen, aber gerade hier wird das Verflachen der Lust, ihr Leerwerden kenntlich. Die Seligkeit des Morphiumrausches, die widerstandslos gewonnen wird, führt aber unrettbar zur Zerstörung des Organismus, so sehr widerstrebt Genuß ohne Kampf dem Wesen des Organismus. Gerade die tiefen Glückserlebnisse, welche die Gewähr der Dauer oder besser der Erneuerung in sich schließen, erwachsen nur gegen stärkste Widerstände und deren Überwindung. NIETZSCHE weist darauf hin, daß erst die ungeheure Vorschaltung von Schwierigkeiten vor die Erreichung des Sexualobjektes der Liebe die wahre Tiefe gegeben habe. FERENCZI[1]) vermutet, daß

---

[1]) Versuch einer Genitaltheorie. Intern. Psychoanalytische-Bibliothek, Bd. 15. 1924.

nach dem Orgasmus die Libido zum Körper zurückströme, und erinnert an die FREUDsche[1]) Theorie des Witzes. Die Witzeslust entstehe
dadurch, daß plötzlich seelische Energien frei werden. Nach der Bewältigung des einen Widerstandes ist der Denkmechanismus und der
Körpermechanismus zur Bewältigung eines neuen bereit. Mag sein,
daß immer dann, wenn nicht zu Bewältigendes an den Organismus
herantritt, das Bild sich ändere, daß das Individuum immer von neuem
versuche, an dieses Gewaltige heranzutreten. Hier liegen die organischen
Probleme des Schocks im physiologischen Sinne, der Emotionslähmung
bei gewaltsamen Erlebnissen im psychologischen Sinne. Hier liegt auch
das Problem des Wiederholungszwanges, der nach FREUD[2]) darin gipfelt,
daß die traumatische Szene immer wiederkehrt, damit das Ereignis
nunmehr in kleinen Ansätzen bewältigt werde. FREUD stellt dieses
Prinzip meines Erachtens zu Unrecht außerhalb des Lust-Unlust-
Mechanismus. Die Lustarten müssen in die engste Verbindung mit
den Zielen des Organismus gebracht werden. Nun kennt der Organismus
nach allem, was ausgeführt wurde, letzten Endes gegenüber der Außenwelt nur ein Ziel, die Einverleibung, das Insichaufnehmen, wobei es
freilich das Außen als solches braucht; neben diesem Wunsch des
Hineinnehmens muß der Trieb bestehen, alles das auszustoßen, was
nicht mehr bewältigt werden kann. Einverleibungslust ist Lust der
Nahrungsaufnahme, Lust am Größerwerden, am Stärkerwerden, Aufnehmen der Potenz des Einverleibten. Dieser Sachverhalt wird am deutlichsten in jenem Gedanken Primitiver, daß der Verzehrer des Tigers selbst
zum Tiger werde. Magische Einverleibung, welche die Kräftevermehrung
nach der Verdauung widerspiegelt. Gemildert erscheint der Einverleibungswunsch als Umfassen und Umgreifen und letzten Endes im Nahesein.
Ausstoßungslust gegenüber den Exkrementen, Kot, Urin und Geschlechts-
produkten, schließlich auch in der Fortpflanzung. „Die Teilung eines
Protoplasmas in zwei tritt ein, wenn die Macht nicht mehr ausreicht,
den angeeigneten Besitz zu bewältigen: Zeugung ist Folge einer Ohnmacht,
den angeeigneten Besitz zu bewältigen: Zeugung ist Folge einer
Ohnmacht." (Aphorismus, 654, NIETSCHES „Wille zur Macht".) Dabei
aber immer wieder das Bewußtsein, das Ausgestoßene sei noch immer
irgenwie Teil des Eigenen und gehöre zum Ich. Same, Kot, Urin, Kind
bleiben nach dem Ausdruck der Analyse narzißtisch besetzt. Auf-
nehmend zerstören wir die Welt und machen sie zu nichts, aber irgendwie
brauchen wir sie doch, sie ist uns notwendig, sie soll da sein, unabhängig
von uns, ein gleichwertiger Gegner. Dies eine Psychologie des Hinaus
und Hinein, sie ist aber nur denkbar auf Grund einer Psychologie des
Ich und Du, welche sich als gleichwertige Partner gegenüberstehen.

---

[1]) Der Witz und seine Beziehungen zum Unbewußten.
[2]) Jenseits des Lustprinzips.

Das Bewußtsein

Bevor wir uns von solchen Gesichtspunkten aus dem letzten großen Problem zuwenden, dem der Sexualität, haben wir uns mit dem Problem des Bewußtseins zu beschäftigen. Beim Menschen ist es leicht feststellbar, daß es Erlebnisse gibt, welche nicht in der gleichen Weise bewußt sind wie andere, so die Erlebnisse, die ich oben als sphärische gekennzeichnet habe, die in der Ausdrucksweise FREUDS dem System Ubw, dem Unbewußten, zugehören. Ich habe mich an anderer Stelle bemüht zu zeigen, daß auch das „Unbewußte" (das sonst in der Psychologie als unbewußt bezeichnete ist im psychoanalytischen Sinne System Ubw.[1]) + System Vbw.) im Bewußtsein, wenn auch in eigenartiger Form, vertreten ist. Es ist in der Sphäre in keimhafter Art gegeben. Die Erfahrungen der Denkpsychologie zeigen uns eine Fülle von hieher gehörigen Erlebnissen: Schemen, Bewußtheiten, Gedankenkeime u. dgl. mehr. Andernteils machen die Erfahrungen an Aphasien, Agnosien und groben Hirnverletzungen wahrscheinlich, daß die Arbeitsweise des Organismus grundsätzlich gleich ist der Arbeitsweise, die wir in der Sphäre antreffen und dort psychisch verstehen können. So tauchen bei Verletzungen des Großhirnmantels Wahrnehmungsformen auf, welche primitiven Gebilden der psychisch unentwickelten Stufe entsprechen und wie sie als Vorstufen des normalen Sprach- und Wahrnehmungsvorganges gleichfalls gefunden werden können. Wir wissen aber, daß durch psychische Hemmung der Gedankenentwicklung in der Sphäre gleichfalls solche Vorstufen des entwickelten Gedankens auftreten, welche gleichzeitig auch phylogenetische und ontogenetische Vorstufen des Denkens darstellen, wie sie beim Kinde und Primitiven angetroffen werden können. Das intakte Gehirn verhindert also, daß der Wahrnehmungs- und Sprachvorgang vorzeitig unterbrochen werde, oder anders ausgedrückt, durch Gehirnläsion tritt ein psychisch nicht faßbarer Hemmungsfaktor in Erscheinung. Psychische und physische Hemmung (Verdrängung) erscheinen also als wesensgleich. Organismus und Psyche sind nach gleichen Grundsätzen aufgebaut. Jener erscheint als erstarrtes Psychisches. Nun muß man diesen Gesichtspunkt nicht nur auf das Gehirn anwenden, sondern ihn auf jegliches Organ anwenden. Jedes Organ hat eine psychische Vergangenheit gehabt. Wir kommen jedoch über die Tatsache nicht hinaus: 1. daß nur ein kleiner Teil der Funktionen des menschlichen Organismus mit Bewußtsein verbunden ist, und 2. daß das Bewußtsein sich über das individuelle Leben nicht hinauserstreckt. Innerhalb desselben wird es allerdings mit ungemeiner Zähigkeit fest-

---

[1]) Das System Ubw. zeigt eine bestimmte seelische Arbeitsweise, die wir abkürzend als symbolisch bezeichnen wollen, das System Vbw. (vorbewußt) zeigt die Arbeitsweise des Alltagsdenkens, ist aber dem Bewußtsein ebenfalls nicht zugänglich.

gehalten, und ich habe darauf hingewiesen, daß das Gedächtnis des Menschen innerhalb seines Einzellebens als absolutes bezeichnet werden kann in dem Sinne, daß einmal Erlebtes psychisch nicht mehr verlorengehen kann; dieser weittragende psychologische Satz läßt sich freilich nur in Annäherungen beweisen, ist aber durch die Erfahrungen bei organischen Gedächtnisstörungen und durch das Tatsachenmaterial der Psychoanalyse weitgehend gestützt[1]). Über diese Feststellungen hinaus können wir derzeit wohl kaum dringen, möglich, daß sich späterhin noch einmal psychische Erlebnisse werden ausfindig machen lassen, welche mit der Funktion der Organe im Zusammenhang stehen, doch erscheint mir diese Möglichkeit nicht sehr wahrscheinlich. Ob man bei solchem Sachverhalt das organische Geschehen als unbewußt psychisches bezeichnen soll oder nicht, ist lediglich eine Sache der Konvention. Jedenfalls wäre dieses unbewußt Psychische wesensverschieden von dem Psychischen der Sphäre und von dem Psychischen des Systems Ubw. und Vbw. Freuds. Bleuler[2]) und Driesch[3]) sprechen von Psychoiden. Allerdings ist all das, was wir Tieferes vom Organismus wissen, nur vom Psychischen her gewonnen. In den hervorquellenden Denkakten, in der Gedankenentwicklung haben wir das wahre Bild des Lebens, in der Sphäre erleben wir die Entwicklung der Arten, dort haben wir die natura naturans vor uns. Ich suche also das Verständnis des Organismus vom bewußten Erleben her zu gewinnen, freilich nicht von dem auskristallisierten zu Ende Entwickelten her, sondern von den undifferenzierten und quellenden Gedankenkeimen. Leben treffen wir überall dort an, wo Drängendes, Treibendes, Unabgeschlossenes vorliegt.

Wenn Uexküll[4]) von Planmäßigkeit im Organismus und im organischen Geschehen spricht, Driesch von der Entelechie, so muß betont werden, daß derartige Begriffe nur in bezug auf seelisches Leben sinnvoll sind, vom Seelischen losgelöst, verlieren sie ihren Sinn. Zweckmäßig kann nur das heißen, was den Zwecken eines Individuums angemessen ist; jede andere Verwendung des Begriffes der Zweckmäßigkeit ist eine übertragene. Der Organismus ist zweckmäßig kann nur heißen, die seelische Person ist mit dieser oder jener Organanlage oder mit allen zufrieden, sie entsprechen den Zielen des Individuums und seinen Zwecken. Diese Definition zeigt aber mit vollkommener Klarheit, daß es unmöglich ist, in der Physik, innerhalb deren wesensmäßig von Personen nicht die Rede ist, von Zweckmäßigkeit zu sprechen: Physikalische Weltanschauung und Begriff der Zweckmäßigkeit passen nicht zueinander,

---

[1]) Vgl. Schilder, P.: Medizinische Psychologie. Berlin: J. Springer. 1924.
[2]) Die Psychoide als Prinzip der organischen Entwicklung. Berlin: J. Springer. 1925.
[3]) Philosophie des Organischen. Leipzig: W. Engelmann.
[4]) Theoretische Biologie. Berlin: Paetel. 1920.

und der Versuch von DRIESCH, eine Zweckmäßigkeit zu finden, die in der physikalischen Welt einen Platz hat, ist von vornherein zum Scheitern verurteilt. Wer von einer Zweckmäßigkeit in der Natur spricht, sagt implicite, mit dieser Redewendung, daß er die physikalische Weltanschauung aufgegeben hat. Gewiß, alle Erscheinungen des Organismus bedürfen der physikalisch-chemischen Erklärung, einer Erklärung im Sinne einer geschlossenen Naturkausalität, aber man darf nicht vergessen, daß wir damit nur eine Seite des Naturgeschehens betrachten und nicht zum eigentlichen Lebensprozeß hingelangen. Sollte das Problem der Urzeugung einmal gelöst werden können und könnte einmal Leben künstlich dargestellt werden, so wäre auch damit nur eine Projektion des Problems des Lebens auf eine bestimmte Ebene gegeben, auf bestimmte Möglichkeiten der Handlung. Daß die Physik von einer Teleologie nichts wissen kann, besagt nicht, daß eine solche nicht existiere. Die Physik gibt nur einen Aspekt des Wirklichen, aber das Wirkliche breitet sich in Bereiche, in welche die Physik ihrem Wesen nach nicht gelangt.

Sollte uns die physikalische Betrachtungsweise auch darin irreführen, daß sie uns zur Frage nach dem Ursprung des Lebens drängt? Ist das Tote denn wirklich vor dem Lebendigen da? Gehört Leben weniger zur Wirklichkeit als das Unbelebte? Oder ist nicht Leben um nichts weniger ursprünglich als das Unbelebte? Vielleicht daß erst das Unbelebte seinen Sinn und seine Möglichkeit erhalte aus der Tatsache, daß Leben sei. Vielleicht daß Leben und starre Außenwelt Korrelatbegriffe sind, dann wäre es verfehlt, nach dem Ursprung des Lebendigen zu fragen. Aber vielleicht, daß in jedem Belebten ein Unbelebtes, in jedem Unbelebten ein Lebendiges stecke. Derzeit unlösbare Fragen.

Tod

Aber wie wird das Lebendige wieder unbelebt? Das ist die Frage nach dem biologischen Tod. Hier liegt Tatsachenmaterial vor. Die Versuche von WOODRUFF[1] und R. ERDMANN[2] sowie von CALKINS[3] zeigen, daß Infusorien dauernd erhalten werden können, wenn sie nur von den eigenen Stoffwechselprodukten befreit werden, und zwar ohne daß Veränderungen an den Kernen eintreten und ohne daß Kernaustausch zweier Zellen eintritt. Diese Zellen pflanzen sich durch Teilung, agam, fort. Am eingehendsten und beweisendsten sind die Versuche von M. HARTMANN[4] an der Flagellate Eudorina elegans. BELAR hat

---

[1] Journ. of exp. zool., Bd. 17 u. 20. 1914 u. 1920.
[2] Ebenda. Bd. 1. 1904.
[3] Arch. f. Protistenkunde, Bd. 43. 1921.
[4] Zit. nach HARTMANN. Allg.-Biologie.

ähnliche Studien an Protisten vorgenommen, welche in ihrem Stoffwechsel dem Pflanzlichen nicht so nahe stehen wie Eudorina, und hat die gleichen Resultate erhalten. HARTMANN hat die Flagellate rein agam über 3500 Generationen durch zehn Jahre gezüchtet. Hier erscheint also Fortpflanzung, Teilung, Verkleinerung, als Mittel, um dem Tode zu entgehen. Hier scheint der Beweis gegeben für die Anschauung von WEISMANN (1882), daß der Einzeller potenziell unsterblich sei; aber haben wir das Recht, das Individuum, das so viele Teilungsschritte durchgemacht, noch als gleich anzusehen jenen, von welchen die Teilung ihren Ursprung nahm? Ist überhaupt nach der Teilung das gleiche Individuum noch vorhanden und ist nicht jedes der Individuen etwas Neues, nicht anders als das Kind etwas Neues ist im Vergleich zu den Eltern, bricht hier nicht der Bewußtseinsstrom ab? Oder liegt das Verhältnis so, daß nach der Teilung jedes Teilstück regeneriere, ebenso wie Sperma regeneriert wird? Das Problem der Individualität liegt hier verschieden von den Problemen der Individualität beim Vielzeller. Die gleiche Problemschwierigkeit tritt uns bei den Regenerationsexperimenten entgegen. Aus kleinen Teilen einer Hydra kann das ganze Tier regeneriert werden. Bei den Anneliden bilden kleine, aus nur wenigen Körperringen bestehende Teilstücke umfangreiche Regenerate. Bei Lumbriculus kann ein wenig- und einsegmentiges Teilstück ein neues Vorder- und Hinterende nebst den darin enthaltenen Organen liefern. Beim Ringelwurm (Ctenodrilus) wird aus solchen wenig- oder einsegmentigen Teilstückchen, die durch natürlichen Zerfall entstehen, der ganze Wurm mit Vorder- und Hinterende geliefert[1]). Offenbar ist der von den höheren Metazonen gewonnene Individualitätsbegriff ergänzungsbedürftig.

Aber wie dem auch sei, das Leben des sich teilenden Infusors bleibt offenbar nur unter zwei Bedingungen erhalten, und zwar: 1. daß es etwas von sich abgebe und nicht zu viel umspanne, und 2. daß es dem schädlichen Einfluß der eigenen Stoffwechselperiode entzogen werde. Der erste Punkt wird durch eine Reihe weiterer Erfahrungen bestätigt. CHILD hat an Planaria gezeigt, daß sie regenerieren können, wenn ein Teil des Körpers eingeschmolzen wird. Besonders wichtig sind die Versuche von M. HARTMANN, durch Verkleinerung des biologischen Systems auf experimentellem Wege eine Verjüngung zu erzielen. Er führte seine Versuche an Turbellarien aus. Er schnitt entweder ein kleines Stück des Kopfes oder des Hinterendes ab. Auf diesem Wege ließ sich durch fortgesetzte, 52mal wiederholte Amputation des Kopfstückes mit nachfolgender Regeneration ein Individuum von Stenostomum leucops über dreizehn Monate, ein anderes durch Entfernung der hinteren Hälfte ebensolang am Leben erhalten, während bei anderen Individuen des-

---

[1]) Nach KORSCHELT: Lebensdauer, Altern und Tod, 3. Aufl., S. 267. Jena: Fischer. 1924.

selben Stammes nicht weniger als 41 Teilungen eintraten. In weiteren
Versuchen amputierte er bei Amoeba proteus[1]) die Pseudopodien durch
Serien von 130 Operationen, etwa jeden Tag. Es konnte so die Teilung
unterdrückt werden, ohne daß das Individuum Schaden litt. In Ver-
suchen an Volvozineen (speziell Gonium sociale) hat M. HARTMANN die
Fortpflanzung unterdrückt und die Zellen dauernd in Assimilation
und Wachstum erhalten, wobei Riesenzellen von vierfach größerem
Durchmesser entstanden, die wochenlang am Leben blieben. Diese
Kulturen starben aber nach längerer oder kürzerer Zeit vollkommen
aus, wenn ihnen nicht die Möglichkeit der Fortpflanzung gegeben wurde.
Wir kommen also zu der weiteren Formulierung, daß das lebenserhaltende
Moment der Fortpflanzung im Protozoenversuch in der Verkleinerung
des biologischen Systems gegeben sei. Sicherlich ist auch das Protozoon
dem Altern unterworfen. Es gibt einen Abschluß der individuellen
Entwicklung, der freilich die Zellteilung sein kann. Man kann das mit
M. HARTMANN, der darauf verweist, daß viele Formen, speziell solche
mit multipler Vermehrung, bei der Fortpflanzung, ihrem Tode, eine mehr
oder minder große Leiche aufwiesen, als Individualtod ansehen. Man
kann aber auch ebensogut von einer Verjüngung zweier Teilstücke
durch die Verkleinerung des biologischen Systems sprechen. Fortpflanzung stellt sich im Lichte dieser Betrachtungen als ein Unvermögen
dar, das an sich Geraffte zu bewahren und Fortpflanzung und Aus-
scheidung des Unverdaulichen treten zueinander in engste Beziehung.
NIETZSCHE hat diese Problematik vorausschauend erkannt. Aphorismus 654 des „Willens zur Macht" lautet: „Die Teilung eines Protoplasmas in zwei tritt ein, wenn die Macht nicht mehr ausreicht, den
ungeeigneten Besitz zu bewältigen: Zeugung ist Folge einer Ohnmacht.
Wo die Männchen aus Hunger die Weibchen aufsuchen und in ihnen
aufgehen, ist Zeugung die Folge eines Hungers." Auch im Aphorismus 660
heißt es: „Die Zeugung, der Zerfall, eintretend bei der Ohnmacht der
herrschenden Zellen das Angeeignete zu organisieren."

Das Individuum wendet sich der Welt zu und sucht sie zu erfassen,
aber wie ich immer wieder ausführte, fassen heißt einverleiben, die
Hand schließt sich um den Gegenstand, der dadurch in den Körper
kommt. In dieser Hinsicht ist die Hand eine Nachbildung des Darm-
organs. Die Einführung in den Mund ist schließlich der wahrste Ausdruck unserer Beziehung zur Welt, Wunsch der Einverleibung und des
In-sich-Hineinnehmens. Erst dann haben wir die Welt wirklich „erfaßt".
Verschlingen: die ursprünglichste Form der Beziehung des Lebendigen
zur Außenwelt. Greifen, Fassen, Halten, Umarmen von dieser ursprüng-

---

[1]) Über experimentelle Unsterblichkeit bei Protozoenindividuen.
Naturwissenschaften, Bd. 14. 1926.

lichen kannibalistischen Tendenz abgeleitet[1]). Nach NIETZSCHE ist Ernährung nur eine Konsequenz der unersättlichen Aneignung des Willens
zur Macht. Die Außenwelt bietet eine Fülle von Widerständen, sie
muß überwältigt werden und dem Munde und dem Organismus zugeführt werden. Aber auch dann erweist sie sich als nicht voll über-
windbar, sie muß ausgestoßen werden. Man kann nicht alles aufnehmen.
Exkremente, Zeugung: der Körper kann sich selbst nicht bewahren.
Alle Lust ist entweder Einverleibungslust oder Ausstoßungslust. Aber
vielleicht gibt uns wiederum psychoanalytisches Denken die Möglichkeit,
den Sinn der Einverleibung besser zu erfassen. Der Primitive glaubt
die Eigenschaften des Objektes zu erlangen, das er verzehrt. Er wird
so zum Tiger, zum tapferen Häuptling u. dgl. mehr. Einverleibung
bedeutet das Einverleibte ganz in sich aufnehmen, zum anderen werden,
und das Streben zur Welt wird zum Streben, selbst die Welt zu sein.
Die Lehre NIETZSCHES vom Willen zur Macht erfährt so Vertiefung und
Ergänzung. Auch hier liegt eine der tiefen Zwiespältigkeiten des Lebens.
Daß wir die gegebenen Grenzen, Außen und Ich, doch immer zu überwinden trachten, und daß sich uns der Reichtum der Welt dort am
tiefsten offenbart, wo wir in unserem Streben, ihrer ganz Herr zu werden,
sie uns einzuverleiben, scheitern. Der große Aspekt des Lebens spielt
sich ab zwischen dem Hinein und Hinaus. Freilich ist das Leben reicher,
aber das: Zum fremden Objekt und — Vom fremden Objekt weg, widerspiegelt meines Erachtens das gleiche Problem auf einer höheren Stufe.
Flucht und Bemächtigung, Annäherung und Entfernung heißt das
Problem nun. Aber wir nähern uns dem, dessen Bewältigung möglich
erscheint, und wir entfernen uns dort, wo Bewältigung droht.

Während die aus der Teilung der Einzelligen hervorgehenden Zellen
voneinander unabhängig sind, entsteht der vielzellige Organismus dort,
wo die neue Zelle dem Machtbereich der früheren nicht voll entweicht.
Die Protozoenkolonien stellen Übergangsbilder dar. Vielzelligkeit ent-
geht so dem Untergang, daß das Material der fremden Zelle doch der
Herrschaftswelt nicht voll zugehört, der Leib stellt sich nach NIETZSCHE
als Herrschaftsgebilde dar. Aber die Anhäufung zu großer Macht führt
zum Zerfall des Gebildes. Nur die abgestoßenen Samenzellen oder
das abgetrennte Eichen, jung und gierig, streben nun der Vermehrung
des Machtbereiches zu. Man sieht, das Problem der Vermehrung ist das
Problem des Todes. ¡Wir sprachen früher lediglich von der agamen
Vermehrung, welche nach den Versuchen von M. HARTMANN eine un-

---

[1]) FREUD, ABRAHAM und SCHILDER haben auf die Bedeutung des
oralen Momentes wiederholt aufmerksam gemacht. In der Melancholie
kommen primitive kannibalistische Tendenzen wiederum in Erscheinung
(ABRAHAM). Literatur in SCHILDERS Entwurf zu einer Psychiatrie auf psychoanalytischer Basis. Wien. 1925.

begrenzte ist. Wir sprachen nicht von der Geschlechtlichkeit, denn Vermehrung ist nicht Geschlechtlichkeit[1]). Dieser wenden wir uns zu.

Geschlechtlichkeit

Geschlechtlichkeit beruht auf einer Spannung besonderer Art, auf einem Drang nicht zu der Welt im allgemeinen, sondern auf dem Drang zum Individuum der gleichen Art. Aber auch diese Spannung ist doppelter Art. Nach M. HARTMANN[2]) gehört zur Geschlechtlichkeit die Reduktionsteilung, die Verminderung des Chromosomenbestandes auf die Hälfte. Das Abstoßen eines Zuviel aus dem Kern. Offenbar muß das biologische System zunächst verkleinert werden, um die nötige Spannkraft der Aneignung zu gewinnen. Warum freilich neben der zur Reduktion der Kernmasse führenden Teilung (der Reduktionsteilung) noch eine zweite stattfindet, die Äquationsteilung, welche nicht zu einer Reduktion führt, läßt sich derzeit nicht vermuten. Es ist naheliegend, daß die Äquationsteilung, welche bei den männlichen Zellen zu einer so weit gehenden Verminderung der Plasmamenge führt, während sie die Plasmamenge des Eies vergrößert, den Charakter der Aktivität oder Passivität der Geschlechtlichkeit festlegt. Nun dürfen wir überhaupt nicht erwarten, daß unsere allgemein psychologischen Erwägungen das Verständnis der Morphologie und Physiologie im einzelnen ermöglichen werden. Vorläufig kann es sich nur darum handeln, auf wesentliche Gemeinschaftlichkeiten hinzuweisen, welche uns ahnen lassen, daß auch das morphologische Detail einmal unter den Gesichtswinkel der Psychologie verstanden werden könne.

Was treibt aber nach der Reduktion zur geschlechtlichen Vereinigung? Ist der Wunsch, das eigene Machtbereich zu erhöhen, in beiden Partnern lebendig? Aber vielleicht habe ich in den vorangehenden Ausführungen zu sehr die Haltung des Individuums vor Augen gehabt, welche wir als aktiv bezeichnen. Könnte nicht auch das Schwächere trachten, in dem Stärkeren aufzugehen und mit ihm eins, nun mehr an seiner Macht teilzuhaben? Auch das ist Identifizierung, die uns in der Psychologie sehr wohl bekannt ist. Identifizierung des Schwachen mit dem Starken. Vergleiche den Aphorismus 655 aus NIETZSCHE: „Das Schwächere drängt sich zu dem Stärkeren aus Nahrungsnot. Es will unterschlupfen, mit ihm womöglich eins werden. Der Stärkere wehrt umgekehrt ab von sich, er will nicht auf diese Weise zugrunde gehen; vielmehr im Wachsen spaltet er sich zu zweien und mehreren. Je größer der Drang ist zur Einheit, um so mehr darf man auf Schwäche

---

[1]) Der Aphorismus NIETZSCHES hält die Begriffe nicht scharf genug auseinander.

[2]) Allgemeine Biologie. Jena: G. Fischer. 1927.

schließen; je mehr der Drang nach Varietät, Differenz, innerlichen Zerfall, um so mehr Kraft ist da. Der Trieb, sich anzunähern, und der Trieb, etwas zurückzustoßen, sind in der unorganischen wie organischen Welt das Band. Die ganze Scheidung ist ein Vorurteil. Der Wille zur Macht in jeder Kraftkombination, sich wehrend gegen das Stärkere, losstürzend auf das Schwächere ist richtiger. NB. Die Prozesse als „Wesen". Der Aphorismus 656 lautet: „Der Wille nach Macht kann sich nur an Widerständen äußern; er sucht also nach dem, was ihm widersteht, dies die ursprüngliche Tendenz des Protoplasmas, wenn es Pseudopodien ausstreckt und um sich tastet. Die Abneigung und Einverleibung ist vor allem ein Überwältigenwollen, ein Formen, An- und Umbildung, bis endlich das Überwältigte ganz in den Machtbereich des Angreifers übergegangen ist und denselben vermehrt hat. Gelingt diese Einverleibung nicht, so zerfällt wohl das Gebilde; und die Zweiheit erscheint als Folge des Willens zur Macht. Um nicht fahren zu lassen, was erobert ist, tritt der Wille zur Macht in zwei Willen auseinander (unter Umständen ohne seine Verbindung untereinander völlig aufzugeben). Hunger ist nur eine engere Anpassung, nachdem der Grundtrieb nach Macht geistigere Gestalt gewonnen hat." Aphorismus 657 lautet:

„Was ist passiv? Gehemmt sein in der vorwärtsschreitenden Bewegung: also ein Handeln des Widerstandes und der Reaktion."

„Was ist aktiv? Nach Macht ausgreifend."

„Ernährung ist nur abgeleitet. Das Ursprüngliche ist: alles in sich einschließen zu wollen."

„Zeugung nur abgeleitet; ursprünglich: wo ein Wille nicht ausreicht, das gesamte Angeeignete zu organisieren, tritt ein Gegenwille in Kraft, der die Lösung vornimmt, ein neues Organisationszentrum, nach einem Kampfe mit dem ursprünglichen Willen."

„Lust als Machtgefühl (die Unlust voraussetzend)."
Aber neben dem Wunsche der Bemächtigung ist der Wunsch lebendig, sich hingeben zu dürfen, aufzugehen in einem Größeren, von ihm verschlungen zu werden und dadurch seiner Machtfülle teilhaftig zu werden. Passivität ist nicht nur scheinbar, sondern ebenso Grundeigentümlichkeit des Seelischen und Organischen wie die Aktivität. Auch sie scheitert daran, daß der Gegensatz, Ich, Körper, Welt, nicht vollständig unterdrückt werden kann, daß auch der letzten Hingabe immer wieder eine fremde Welt entgegensteht. Aber brauchen wir eine solche Annahme der Passivität zur Erklärung der agamen Fortpflanzung, genügt hier nicht die NIETZSCHEsche Vermutung, daß aus einer Ohnmacht heraus Teile frei gegeben werden? Aber welche Rolle spielt Agamie in der lebenden Natur? Ist das sich agam vermehrende Individuum wirklich asexuell? Die Fähigkeit zur Sexualität besteht jedenfalls, denn es bedarf besonderer

Vorsichtsmaßregeln, um Protozoonzuchten agam zu erhalten und jene Umgestaltungen zu verhindern, welche der Sexualität im hier gekennzeichneten Sinn zugehören, zu denen etwa auch die Endomixis der Umänderung des Kernapparates gehört. Hier erwirbt sich die Zelle eine Sexualspannung ähnlich derjenigen, welche uns bei der Parthenogenese, der Vermehrung aus dem Ei heraus, entgegentritt. Ein Vorgang, der sich übrigens auch in der männlichen Zelle abspielen kann und dann zur Androgynie führt, wie sie etwa bei Braunalgen (Ectocarpus siliculosus, Spirogyra), aber auch bei dem Protozoon Actinophrys beobachtet wurde.

Männlich — weiblich

Aber von Geschlechtlichkeit im engeren Sinne sprechen wir nur dort, wo zwei Zellen sich vereinigen, wo es also zu einer Kopulation kommt. Der einfachste Fall scheint die Gleichheit der kopulierenden Zellen zu sein.

Bei Spirogyra potridium ulotrix sind die kopulierenden Zellen einander gleich. Beim Studium verschiedener Arten glaubte man die allmähliche Ausbildung des Unterschiedes zwischen männlich und weiblich beobachtet zu haben (Volvocineen). M. HARTMANN neigt allerdings zu der Annahme einer universellen Sexualität. Nach dieser von SCHAUDINN und BÜTSCHLI begründeten Anschauung ist jede Protisten- und Geschlechtszelle, ja jede Zelle überhaupt hermaphrodit oder bisexuell und besitzt die vollständigen Anlagen (Potenzen) des männlichen und weiblichen Geschlechts.

„Bei einer monözischen Vaucherienart, V. hamata, hat F. VON WETTSTEIN durch Parthenogenese auslösende Mittel Geschlechtszellen, und zwar nicht nur Oogone, sondern auch Antheridien ohne Befruchtung zur Entwicklung zu bringen versucht. An den daraus entstandenen Regeneraten traten aber wieder normale männliche und weibliche Geschlechtsorgane auf. Sowohl die männlich als auch die weiblich differenzierten Geschlechtszellen bilden also wieder beiderlei Geschlechter, enthalten somit die Anlagen zur Erzeugung beider Geschlechter. Bei den schon mehrfach erwähnten Sonnentierchen Aktinophryssol kommen gelegentlich Gametenpaare nach der Reduktionsteilung einzeln zur Enzystierung. Dieselben sind von verschiedenem Geschlecht. BĚLAŘ vermochte solche haploide Azygoten, und zwar männliche wie weibliche, zur parthenogenetischen Entwicklung zu bringen. Auch die parthenogenetisch entstandenen Aktinophryen gaben wiederum normale Befruchtung mit der oben beschriebenen Differenzierung in je einen weiblichen und männlichen Gameten" (M. HARTMANN: Allgemeine Biologie, S. 503). Durch das Überwiegen des einen und anderen Faktors wird eine Zelle männlich oder weiblich, während bei der gegengeschlechtigen der entgegengesetzte Faktor überwiegt.

Nach neueren Forschungen ist auch dort, wo die kopulierenden Gameten morphologisch völlig gleich, isogam, sind, doch eine sexuelle Differenz zwischen den verschmelzenden Geschlechtskernen oder Zellen vorhanden. Die weitere Voraussetzung dieser Hypothese, daß jedes sexuell differenzierte Individuum sowie jede sexuell differenzierte Gamete die vollständigen Anlagen des entgegengesetzten Geschlechtes besitzt, also trotz einseitiger sexueller Differenzierung, potentiell bisexuell ist, gilt sowohl für M. HARTMANN als auch für GOLDSCHMIDT als bewiesen. M. HARTMANN hat gezeigt, daß bei Ectocarpus siliculosus[1]) die Sexualität eine relative ist. Schwach weibliche Gametensorten kopulierten mit stark weiblichen, und schwach männliche mit stark männlichen, wobei die Gametensorten mit schwacher Tendenz ihre Geschlechtsfunktion änderten. Nach M. HARTMANN ist die Vorstellung, daß Sexualität die tiefste Ursache aller Befruchtung ist, heute die einzige, welche den Tatsachen gerecht wird. In den Versuchen von M. HARTMANN kennzeichnete sich die weibliche Gamete dadurch, daß sie früher ihre Beweglichkeit verliert und sich mit ihrer Schleppgeißel an der Unterlage festsetzt; die männlichen Gameten bleiben bedeutend länger beweglich und schwärmen umher. Was ist also hier der Unterschied zwischen männlich und weiblich? Offenbar liegen diese Unterschiede in der Aktivität und Passivität. Die weibliche Zelle als die ruhendere, nimmt die männliche auf; daß die weibliche Zelle wenigstens im allgemeinen durch die Gegenwart eines überzähligen Geschlechtschromosomes ausgezeichnet ist, hängt so offenbar tief mit dem Wesen der Weiblichkeit zusammen.

KRONFELD[2]) sieht in der Totipotenz, die am sinnfälligsten in der Parthenogenese zutage tritt, das wesentliche Kennzeichen der Eizelle; aber es gibt seltene Fälle, wo die parthenogenetische Entwicklung aus der männlichen Samenzelle beobachtet werden kann (s. o.). Bei Algen kommt die Geschlechtsdifferenz erst dann zutage, wenn die weibliche Zelle sich zur Befruchtung festgesetzt hat. Nun wissen wir, daß Aktivität und Passivität psychisch stets miteinander vereinigt sind. Der Masochist nimmt auf dem Wege der Identifizierung den sadistischen Partner in sich hinein. Ebenso finden wir im Sadisten masochistische Züge. Der Destruktionstrieb wendet sich bald gegen die eigene Person, bald gegen außen. Es ist auch nicht ohne weiteres, aktiv mit männlich und passiv mit weiblich zu bezeichnen. Während des Geschlechtsaktes wird beim Menschen die ursprünglich aktive Rolle des Mannes zur Passivität. Er wird von den Armen der Frau umschlossen, ist der Frau dahingegeben, nachdem er das Glied eingeführt. Hat auf es, das ihn symbolisch vertritt, ebenso verzichtet, wie auf das Sperma. Die anfänglich größere Aktivität

---

[1]) Über relative Sexualität. Naturwissenschaften, Bd. 13. 1925.
[2]) Die entwicklungstheoretischen Grundlagen der geschlechtlichen Differenzierung. Handbuch der Konstitutionsbiol. von BRUGSCH u. LEWY.

wandelt sich zur Passivität. FERENCZI[1]) betont mit Recht, daß das
Benehmen der Individuen und der Befruchtungszellen beim Sexualakt
einander gleicht. Die bewegliche Samenzelle wird von der passiveren
Eizelle aufgenommen, gleichsam verdaut. Der Gegensatz von männlich
und weiblich wäre nicht der von aktiv und passiv, sondern beim Manne
würde die Passivität folgen, während es sich beim Weibe umgekehrt
verhält. Aber jeder Aktivität würde irgendwie die Passivität zugegeben
sein, denn wir haben im Anschluß an FERENCZI und H. DEUTSCH[2])
anzunehmen, daß eine Fülle von Identifizierungen mit dem Sexual-
partner während des Sexualaktes stattfindet, so daß der Mann auch
während seiner aktiven Phase die Passivität der Frau durch Identifizierung mitgenießt und in seiner Passivität ihre Aktivität. Die Sexual-
organe samt ihren Hilfsapparaten dienen offensichtlich dem Ausdruck
dieser Tendenzen. FERENCZI neigt zu der Meinung, daß die Aktivität
das Ursprünglichere sei, und daß die Rolle der Weiblichkeit sekundär
und erzwungen sei, aber nichts spricht dafür, daß die Weiblichkeit weniger
ursprünglich sei als die Männlichkeit. Die Chromosomenbilder sprechen
mit Entschiedenheit gegen derartige Annahmen. Man könnte in diesem
Sinne Geschlechtlichkeit als konstituierendes Merkmal des Lebens
ansehen. Es ist Wesensmerkmal, daß sich Passives und Aktives ineinander
verschlinge. Hiefür spräche die weite Verbreitung des Hermaphroditismus in der Tierreihe. Mögen auch die verschiedenen Formen des
Hermaphroditismus nicht die gleiche Bedeutung haben, es bleibt auf
das höchste auffallend, daß selbst bei dem hochentwickelten Frosch
nach den Untersuchungen von WITSCHI[3]) der Hermaphroditismus
überaus verbreitet ist. Die Männchen von Krabben erfahren, wenn
ihre Geschlechtsorgane durch Parasiten zerstört werden, weitgehende
Umwandlungen ihrer sekundären Geschlechtsmerkmale, so daß sie
schließlich völlig den Weibchen gleichen. Bei der Regeneration der
Hodenreste bilden sich auch rudimentäre Eier. Das Prinzip der geschlechtlichen Vereinigung wird in der Natur in der mannigfachsten
Weise variiert. In der Konjugation spielen sich die geschlechtlichen
Vorgänge lediglich zwischen den Kernen ab (Mikronucleus), die wiederum
männlich und weiblich differenziert sind! Die Zellen selbst verschmelzen
nicht. Bei der Kopulation im engeren Sinn folgen die Generationen
mit einfachem Chromosomensatz (Haplonten) und doppeltem Chromosomensatz (Diplonten) in verschiedenster Weise aufeinander und ver-
binden sich in der verschiedensten Weise mit der Propagation. Ich stelle

---

[1]) Versuch einer Genitaltheorie.

[2]) Zur Psychoanalyse der weiblichen Sexualfunktionen. Internat.
psychoanalyt. Verlag. 1925.

[3]) Hermaphroditismus und Geschlechtstrennung bei den Wirbeltieren.
Naturwissenschaften, Bd. 13. 1925.

nach BAUR den Entwicklungsweg eines Farnkrautes und eines monözischen Mooses nebeneinander.

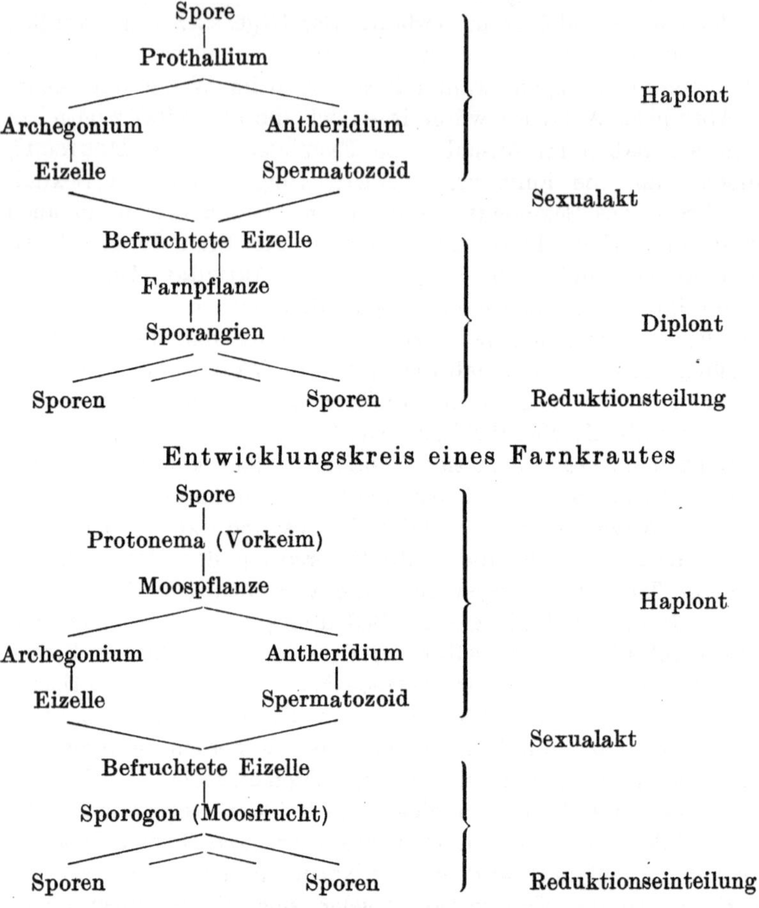

Entwicklungskreis eines Farnkrautes

Entwicklungskreis eines monözischen Mooses

In diesem Entwicklungsgang kann, wie ein Blick auf die Figuren
zeigt, eine Propagation an sehr verschiedenen Stellen und vor allem auch
an mehreren Stellen zugleich eingeschaltet sein. Bei den Farnkräutern
z. B. dienen als Propagationsorgane im wesentlichen die Sporen, d. h.
die ersten Zellen mit der haploiden Chromosomenzahl.

Bei den Moosen dienen ebenfalls die Sporen zur Propagation, aber
außerdem finden wir noch wenigstens bei vielen Moosarten eine Propagation dadurch, daß auf den Haplonten der Moospflanze „Brutsporen"
entstehen, die wieder neue Haplonten aus sich hervorgehen lassen.

Bei den höheren Tieren ist bekanntlich die Propagation an den Sexualakt gebunden.

Aber kehren wir zu dem Problem der Agamie zurück. Ist in der Agamie nicht gleichfalls Aktivität und Passivität vorhanden? Nimmt das sich agam vermehrende Wesen nicht Nahrung auf (aktiv) und muß passiv einen Teil seiner selbst entfliehen lassen? Aber die Aufnahme der Nahrung ist zweifellos nicht dasselbe wie die Verschmelzung mit dem Partner. Die Nahrung ist stets ein Fremderes. Ein Außen, das lediglich zur Bewältigung auffordert. Zu nichts anderem. Das Du steht uns näher als die fremde Außenwelt. Doch ist es wahrscheinlich, ja sicher, daß auch im Organismus, der sich agam vermehrt, die Potenzen des Weiblich und Männlich maskiert wirksam sind. Dann wäre freilich Sexualität eine allgemeine Eigenheit des Lebendigen und sie wäre es, welche die Individuen zueinander treibt. Befruchtung ist sekundäre Folge der Sexualität. Nach der Vereinigung, welche erfolgte aus dem Wunsche des Aufnehmens und Aufgenommenseins, erwies sich der Stärkere zu schwach, das Aufgenommene zu behalten, er hat es in der Form der Vermehrung abzugeben. Bei der Konjugation wird die Kraft keines der Partner ausreichen, um den anderen zu verschlucken. Immer wieder kommt man zu der Frage nach der Beziehung zwischen Hunger und Sexualität. Im Falle der Agamie ist freilich lediglich die Nahrungsaufnahme die Vorbedingung der Teilung. Der Organismus ist sexuell autark. In allen anderen Fällen ist ja die Befruchtung dadurch gekennzeichnet, daß sich Gleiches zu Gleichem gesellt. Getrieben vom Wunsch der Unterwerfung, vom Wunsch des Herrschens? Der schließlich doch nur am Gleichartigen sich wirksam auslebt. So kommt die tiefste biologische Problematik immer wieder zu Problemen der Psychoanalyse zurück, welche die orale Komponente der Sexualität betont und in der Melancholie eine Rückkehr eines sexualisierten Verschlingungswunsches sieht. Der sexuelle Einverleibungswunsch findet seine biologische Gestaltung bei jenen Spinnen, bei welchen das kopulierende Männchen in Gefahr ist, vom Weibchen gefressen zu werden. Auch hier treiben wir konstruktive Tierpsychologie. Das Verhalten der Tiere entschleiert verschiedene Seiten des Seelenlebens der Menschen. Wird nicht auch das Spermatozoon vom Eichen verschluckt? Sexualität steht also in der Tat in direkter Beziehung zur Befruchtung. Befruchtung ist Folge der Sexualität, jener Spannung, welche Individuen der gleichen Art zueinander treibt. Hingegen folgt die Vermehrung mehr oder minder zufällig aus der Befruchtung. Es gibt, wie ich hervorgehoben habe, eine agame Vermehrung. Die Spannung der Sexualität ist Grundeigenschaft des Lebendigen, das sowohl umfangen will, als auch umschlossen sein will von einem ihm Gleichen und doch nicht ganz Gleichem. Die Nahrungsfunktion, die andere Grundfunktion des Lebendigen, ist

Aneignung, Bemächtigung, welche sich auch dem völlig fremderen
Sein zuwendet. In der Sexualität ist der Bestand, das Sein des anderen
wesentlichstes Stück. Das Ich und Du bleiben irgendwie gefordert,
während die Forderung nach dem Außen im Nahrungstrieb eine unbe-
stimmtere wird und die Vernichtung des Außen durch die Aufnahme
nicht jene Lücke zurückläßt, welche die Vernichtung des Du reißen
würde. Aber beide Grundtriebe sind an der Wurzel enge miteinander
verwachsen. Wenn FREUD dem Ichtrieb, Nahrungstrieb die Destruktions-
tendenz zuschreibt, so hat er auch hier Wesentliches gesehen.

Bei der Betrachtung der Sexualität des Menschen pflegt man die
hormonale (innersekretorische) Wirkung der Keimdrüsen in den Vordergrund zu stellen. Doch ist der Geschlechtsmechanismus weitaus tiefer
verankert. MEISENHEIMER exstirpierte am Schwammspinner (Lymantria
dispar) der Raupe die Hoden und ersetzte sie durch ein Ovar[1]). Der
daraus entstandene Schmetterling behält seine männlichen Geschlechtscharaktere unverändert bei, obwohl sein Hinterteil prall mit Eiern
gefüllt ist. Ja man kann in noch jüngeren Stadien die Zellen der Keim-
fäden zerstören, ohne daß dadurch die sekundären Geschlechtscharaktere
beeinflußt würden; die bei den Insekten nicht seltenen Gynandromorphen
zeigen einen aus männlichen und weiblichen Teilen zusammengesetzten
Körper, dessen männliche und weibliche Teile mit scharfen Grenzen
aneinander stoßen. Bei bestimmten Kreuzungen verschiedener Lokal-
rassen vom Schmetterling Lymantria entstehen Formen, welche als
Ganzes betrachtet, zwischen den beiden deutlich verschiedenen Ge-
schlechtern die Mitte halten und daher von GOLDSCHMIDT[2]) als Intersexe
betrachtet werden. GOLDSCHMIDT schließt auf eine verschiedene Wertig-
keit (Valenz) der Geschlechtsfaktoren. Diese Valenzen machen sich
im Laufe der Entwicklung in verschiedener Weise geltend. So beginnt
ein weibliches Intersex seine Entwicklung als Weibchen und führt sie
weiblich weiter bis zu einem näher oder ferner liegenden Drehpunkt,
an welchem die weibliche Ausbildung ganz unvermittelt in die männliche
umschlägt. GOLDSCHMIDT denkt sich die wirkenden Faktoren nach Art
von Enzymen. Ein Intersex ist also nach GOLDSCHMIDT ein Individuum,
das sich bis zu einem gewissen Zeitpunkt als Weibchen (bzw. Männchen)
entwickelt hat und von diesem Drehpunkte an sich als Männchen (bzw.
Weibchen) weiter entwickelt. Das ansteigende Maß der Intersexualität
ist ein Ausdruck der fortschreitenden Rückverlegung des Drehpunktes.
Der intersexuelle Zustand der einzelnen Organe ist bestimmt durch
die zeitliche Lage der Differenzierung vor oder nach dem Drehpunkt.
Dies nennt GOLDSCHMIDT das Zeitgesetz der Intersexualität. Der Intersex

---

[1]) Experimentelle Studien zur Frage der Geschlechtsdifferenzierung.
Jena: G. Fischer. 1909.

[2]) Physiologische Theorie der Vererbung. Berlin: J. Springer. 1927.

ist ein Mosaik geschlechtlich verschiedener Körperregionen ohne Teile von intermediärer Beschaffenheit. Intersexe sind nicht auf Insekten beschränkt. Bei Vögeln sind als seltene Abnormitäten Halbseitenzwitter bekannt, die äußerlich auf jeder Körperhälfte das Federkleid des einen oder anderen Geschlechtes und innerlich, parallel dazu, einen Hoden und einen Eierstock[1]) aufweisen. Das letztere deutet darauf hin, daß es sich um echte Gynander genetischer Natur handelt. Nun werden ja bei Vögeln die sekundären Geschlechtscharaktere von den Gonadenhormonen beeinflußt, die im Blute kreisen. So ist es unverständlich, daß die Geschlechtscharaktere des Gefieders genau gehälftet erscheinen in Übereinstimmung mit den Gonaden, vorausgesetzt, daß eben überhaupt in diesem Falle die Hormone mitgewirkt haben und nicht primäre wie sekundäre Geschlechtscharaktere rein genetisch bestimmt wurden wie bei den Insekten.

Was bedeuten derartige Tatsachen im Sinne unserer allgemeinen Probleme? Männlich und weiblich sind Eigenschaften des Lebendigen und sind auch beim höher entwickelten Organismus stets vereint gegeben. Die Organe des Männlich und Weiblich erscheinen als Ausgestaltungen jener Prinzipien, welchen wir im Einzeller nachgegangen sind. Das gilt sowohl von den Sexualorganen als auch von den sekundären Geschlechtscharakteren. Wenn im Wirbeltierorganismus die Wirkung der Geschlechtsdrüsen eine stärkere wird, so handelt es sich nur um die Wirkung eines tiefer liegenden allgemeinen Prinzips, das sich der Geschlechtsdrüsen bedient, das männliche weibliche Prinzip schafft, eine hormonale Staffel. Daß wir imstande sind, diese weitgehend abzuändern, haben die Versuche STEINACHS bewiesen, gleichwohl ist das durch Hodentransplantation zum Männchen gewordene Weibchen dem Anlagenbestand nach ein Weibchen, nur der Überbau über das Gen ist abgeändert. GOLDSCHMIDT verweist mit Recht darauf, daß bei verschieden geschlechtlichen Rinderzwillingen der sexuell abnorme Partner die Zwicke ein genetisches Weibchen ist, das nur durch das männliche Sexualhormon des anderen Partners in die männliche Richtung gedrängt werde. Gleichwohl entsteht kein Männchen, sondern ein Intersex. Das zygotische Geschlecht läßt sich nicht verleugnen, es gibt kein asexuelles Soma, das erst durch Hormone sexualisiert wird. Aber das Soma ist bisexuell im oben gekennzeichneten Sinn und die Gene verstärken lediglich die eine oder andere Richtung. Und die Gene selbst sind sicherlich nicht völlig unbeeinflußbar. Sollte das hormonale Getriebe den Genbestand gar nicht beeinflussen können? (Vgl. auch die späteren Erörterungen über Bonellia.)

---

[1]) Dieses und das Folgende wörtlich nach GOLDSCHMIDT. Zygotische Geschlechtsbestimmung und Sexualhormone. Naturwissenschaften, Bd. 15. 1927.

Die Annahme einer genisch-zygotischen Geschlechtsbestimmung wird durch die zytologischen Befunde (an den Kernen der Geschlechtszellen) und durch die MENDEL-Forschung gestützt. Es ist bekannt, daß ein Geschlecht zwei Sorten von Geschlechtszellen erzeugt (heterogametisches Geschlecht), das andere Geschlecht aber nur eine Sorte (homogametisches Geschlecht), und zwar ist bei den meisten zweigeschlechtlichen Organismen, darunter auch den Säugetieren, das männliche Geschlecht das heterogametische, bei den Schmetterlingen und Vögeln ist es aber das weibliche. Die beiden Sorten von Gameten des heterogameten Geschlechtes unterscheiden sich durch den Besitz oder das Fehlen eines Geschlechtschromosoms (x-Chromosom), während alle Gameten des homogameten Geschlechtes es besitzen. In den Geschlechtschromosomen aber liegt, wie das Vererbungsexperiment zeigt, ein Gen (oder Gruppen von Genen), dessen Anwesenheit in Einzahl — vergleichbar der MENDELschen Heterozygotie — darüber entscheidet, daß die Charaktere des einen Geschlechtes zur Entwicklung gelangen, dessen Anwesenheit in Zweizahl — vergleichbar der MENDELschen Homozygotie — aber über die Differenzierung des anderen Geschlechtes entscheidet (Formulierung nach GOLDSCHMIDT). Daß die Geschlechtschromosomen die determinierenden Stoffe enthalten, geht aus den Versuchen BRIDGES eindeutig hervor[1]). Unter den Nachkommen triploider Weibchen, die drei Sätze Geschlechts- und drei Sätze Körper-(Auto-) Chromosomen haben, zeigen sich die verschiedensten Geschlechtstypen. Solche Weibchen haben häufig zwei Autosomen und ein Geschlechtschromosom ($x\,2\,A$). Nach der Befruchtung lautet die Formel: $2\,x\,3\,A$. Eine solche Zygote entwickelt sich zu einem Intersex. Tiere mit 3 x-Chromosomen, aber nur mit 2 Autosomensätzen $3\,x\,2A$, stellen Überweibchen dar. Ein Spermatozoon ohne x, das männchenbestimmend sein sollte, erzeugt mit einem 2 x-Ei ein Weibchen, ein eigentlich weibchenbestimmendes Spermium mit x erzeugt mit einem durch Non-disjunktion entstandenen 2 A-Ei ohne x, ein Männchen. Als Non-disjunktion bezeichnet BRIDGES die Tatsache, daß beide x-Chromosomen in den Richtungskörper gehen oder beide im Ei bleiben: Nicht-auseinander-weichen.

Im Gen liegt also ein physisches Geschehen vor, das den Entwicklungsvorgang auch in bezug auf die Determination des Männlich und Weiblich bestimmt. GOLDSCHMIDT hat hierüber bis ins einzelne gehende Vorstellungen entwickelt und vergleicht die wirksamen Stoffe mit Enzymen. Immer wieder ist zu betonen, daß das Gen keine Eigenschaft ist; damit aus dem Genotypus der Phaenotypus werde, bedarf es sowohl bestimmter innerer als auch äußerer Bedingungen; wir dürfen dem

---

[1]) Sex in Relation to chromosomes. American naturalist, Bd. 59, 25.

Gen ein großes Maß von Stabilität zuschreiben, gleichwohl ist diese Stabilität, wie bereits früher in anderem Zusammenhang auseinandergesetzt wurde, keine absolute. Hier sei der wichtigen Untersuchungen BALTZERS über das Problem der Geschlechtsbestimmung bei Bonellia gedacht[1]).

Bei Bonellia viridis besteht ein außergewöhnlicher Geschlechtsdimorphismus. Das Weibchen ist ein Wurm mit pflaumengroßem Rumpf und bis meterlangem Rüssel, es beherbergt in seinem Uterus das kleine, nur wenige Millimeter große schmarotzende Männchen, das schon im Larvenstadium geschlechtsreif wird. Ob die aus den befruchteten Eiern entschlüpfenden Larven sich zu Männchen oder Weibchen entwickeln, hängt davon ab, ob sie am Rüssel des erwachsenen Weibchens parasitieren oder frei leben. Im ersteren Falle werden sie zu Männchen, im letzteren zu Weibchen. Werden indifferente Larven in einem Rüsselextrakt aufgezogen, so wird eine normale männliche Differenzierung eingeleitet. Doch spielen genetische Faktoren bei der Geschlechtsbestimmung gleichfalls eine Rolle. Von 50 Larven, die von der gleichen Mutter stammten und im gleichen Extraktwasser aufgezogen wurden, waren 32 Männchen, 7 schwach intersexe Männchen, 3 intermediäre Intersexe, 5 stark weibliche Intersexe und überwiegend weibliche Tiere. Wenn auch derartige Resultate auf einen genetischen Faktor hinweisen, so muß doch die Bedeutsamkeit epigenetischer Faktoren für das Inerscheinungtreten des Geschlechtes betont werden. Die Außenfaktoren bestimmen also die Differenzierungsgeschwindigkeiten der männlichen und weiblichen Gene mit ihrem bedeutsamen Einfluß auf das Entwicklungsgeschehen überhaupt. Das Gen ist also von außenher elektiv oder doch wenigstens annähernd elektiv beeinflußbar. SEILER verweist darauf, daß der Rüsselparasitismus nicht nur die sexuelle Differenzierung, sondern auch die Organdifferenzierung beschleunigt. KRONFELD[2]) führt an, daß auch bei Bienen durch Änderung der Fütterung aus befruchteten Eiern, die sonst nur Königinnen oder Arbeiter liefern, Drohnen entstehen können. Es ergibt sich demnach, daß die fermentähnlichen Stoffe, das Gen unter bestimmten Bedingungen von der Außenwelt weitgehend beeinflußt werden können. Gegenüber derartigen tiefgreifenden Umgestaltungen des Gesamtorganismus scheinen die Resultate hormonaler Beeinflussung, wie sie uns am deutlichsten in den Experimenten STEINACHS entgegentreten, eine oberflächlichere Wirkung

---

[1]) Vgl. hiezu SEILER: Das Problem der Geschlechtsbestimmung bei Bonellia; zusammenfassende Darstellung und Versuch einer neuen Deutung. Naturwissenschaften, Bd. 15. 1927.

[2]) Handbuch der Konstitutionsbiologie und Individualpathologie von BRUGSCH u. LEWY, Bd. 2. Die entwicklungstheoretischen Grundlagen der geschlechtlichen Differenzierung.

darzustellen. Die Versuchstiere werden zuerst kastriert, dann werden die andersgeschlechtlichen Keimstöcke unter der Haut oder innerhalb des Bauchfeldes zum Einheilen gebracht. Als Folge hievon werden die Männchen feminiert, die Weibchen maskuliert. Bei der Maskulierung verwächst die Scheide der Kaninchen teilweise, bei Ratten vollkommen. Die Behaarung wird grob, lang, struppig. Der mächtige Bullenkopf mit seinem besonders breiten Augenzwischenraum, das überragende Skelett- und gesamte Körperwachstum entsprechen durchaus dem Typus des erwachsenen Männchens. Maskulierte Tiere bekommen männlichen Geschlechtstrieb, unterscheiden das nichtbrünstige von dem brünstigen Weibchen, verfolgen letzteres und kämpfen mit Nebenbuhlern. Ähnliche Folgen in umgekehrter Richtung bei feminierten Männchen. Doch hat bereits die Kastration als solche weitgehende Folgen und wir haben anzunehmen, daß die Aufpfropfung einzelner sekundärer Geschlechtscharaktere des anderen Geschlechtes doch nur eine relativ unvollkommene Veränderung eines erhalten gebliebenen genotypischen Bestandes sei. Inwieweit die hormonale Abänderung den Genbestand als solches ändere, bleibt immerhin ein Problem, das jedoch kaum lösbar erscheint. Grundsätzlich wird man bei sehr jugendlichen Individuen eine solche Beeinflussung schon mit Rücksicht auf die Versuche BALTZERS anzunehmen berechtigt sein.

Wir haben sicherlich nicht das Recht, auch nur einen Baustein des Organismus als absolut starr anzusehen. Die Geschlechtsbestimmung ist nicht nur bei Bonellia von Außenumständen bedingt, sondern es gibt auch auf primitiverem Gebiete eine große Gruppe phaenotypischer, von Außenfaktoren abhängiger Geschlechtsbestimmung.

M. HARTMANN[1]) weist nach, daß es eine phaenotypische Geschlechtsbestimmung gibt, einen Modus, wo die Geschlechtsbestimmung nicht genotypisch durch die Reduktionsteilung (und Befruchtung) geschieht, sondern bei dem sie durch äußere oder innere Bedingungen während des vegetativen Lebens der Organismen ausgelöst wird, indem sich einzelne oder mehrere Zellen des indifferenten doppelgeschlechtigen Organismus in männliche und weibliche Zellen aufteilen.

Bei isogamen Infusorien bewirkt die dritte Mikronukleusteilung, die zwischen die Reduktionteilung und die eigentliche Befruchtung der Karyogamie eingeschaltet ist, die Teilung des bisexuellen, haploiden Kernes in einen männlichen (Wander-) Kern und einen weiblichen (stationären). Dieser Modus zeigt, daß sogar eine haploide Zelle mit einfacher Chromosomengarnitur die gesamten Potenzen beider Geschlechter besitzt. Bei dem Sonnentierchen, Actynophris sol, zerlegt die erste progame Teilung des sich enzystierenden Sonnentierchens,

---

[1]) Allgemeine Biologie, S. 503. Jena: J. Fischer. 1927.

die eine einfache Äquationsteilung ist (so daß jede Zelle die doppelte Chromosomengarnitur behält), die Zelle in zwei Tochterzellen, die sich später als männlich und weiblich differenziert herausstellen.

Inwieweit die Geschlechtsinstinkte durch hormonale Beeinflussung wirklich abgeändert werden, darüber gibt das Tierexperiment keine Auskunft und die Erfahrungen der menschlichen Pathologie sind derzeit zu vieldeutig, als daß man sie verwerten könnte. Nur die vertiefte psychologische Betrachtungsweise geeigneter Fälle könnte hier Abhilfe schaffen. Auch hier liegt die letzte Lösungsmöglichkeit im psychologischen Bereiche.

So stellt sich der Geschlechtsapparat als gestaffelt dar; der geschlechtliche Genotypus erscheint bedingt durch den Genbestand bei der Kopulation, welcher verschiedene Differenzierungsgeschwindigkeiten der männlichen und weiblichen Entwicklung bedingt. Aber dieser ursprüngliche Bestand der Gene ist durch Außeneinflüsse beeinflußbar. Der so gegebene Enzymbestand gestaltet das hormonproduzierende Organ, das selbst wiederum in die weiteren Differenzierungen und Gestaltungen des Phaenotypus eingreift. Die Möglichkeit, daß auch der Genotypus so beeinflußt werde, kann keineswegs in Abrede gestellt werden. Auch hier das Prinzip einer vielfachen Staffelung und Sicherung, das uns im organischen Naturgeschehen immer wieder begegnet und das seinen klarsten Ausdruck im Psychologischen findet. Was immer psychologisch geschieht, spielt sich zunächst in tiefen erbbiologischen Schichten ab; auch in diesen setzt sich das Ich fortwährend mit der Welt auseinander, auch diese Schichte ist nicht starr, endgültig abgeschlossen, aber die Akte des Inbeziehungtretens zu den Dingen der Setzung und Lösung von Beziehungen gestalten sich in höheren Schichten, wobei die Antwort auf die Welt schärfer gegliedert erscheint. Die Beziehungen der Aktivität und Passivität der Welt und besonders jenem Teile der Welt gegenüber, der uns selbst wesensgleich und wesensähnlich ist, erfahren immer wieder neue Gestaltungen und finden ihren letzten und höchsten Ausdruck im entwickelten Sexualerlebnis, das sich auf den gleichen primitiven Strebungen des Fassens, Haltens, Unterjochens und des Gefaßt-, Gehalten-, Unterjochtwerdens aufbaut, welche der Sexualität als solcher zugrunde liegen und schon dem Einzeller gegeben sind. Sexualität geht jene Wege, die ihr durch die Sexualorgane vorgezeichnet sind, die Ausgestaltung dieses Prinzips sind, das sich der Hormone als Sicherung bedient. Aber wir verstehen die psychologischen Vorgänge des Geschlechtslebens nicht, wenn wir sie nicht als Prinzip des Organismus betrachten, das durch Hormone und Sexualorgane nur in eine bestimmte Richtung geleitet wird und eine bestimmte Formung erfährt. So wie in der Erfassung der Welt sich die Gestaltungsversuche der verschiedenen Stufen durchkreuzen, bis sie schließlich wieder in der Gesamtpersönlichkeit zusammengefaßt werden, so werden auch die Sexualstrebungen primitivster und höchster Art einander fördernd und hemmend, einander durchkreuzend und verschlingend in der einheitlichen Sexualstrebung zusammengefaßt, welche selbst wiederum sich einfügt in unsere Gesamthaltung zur Welt.|

Zweck und Welt

Es gibt keine asexuellen Wesen; die asexuellen, lediglich der Arbeit geweihten Formen in den Stöcken der Bienen sind genetische Weibchen. BLEULER erwähnt, daß bei einigen Rassen die Arbeitsbienen sogar die Fähigkeit behalten haben, Eier zu legen[1]). In der Arbeitsbiene bleibt Geschlechtlichkeit im höheren Sinn ebenso erhalten wie im Kastraten. Gerade durch die Betrachtung des Bienenstockes werden wir zu einer neuen Problemstellung hingeleitet. Der Bienenstock als Ganzes erscheint in aufeinander abgestimmten Teilen. Die Zweckmäßigkeit des Einzelorganismus ist gleichzeitig auch eine Zweckmäßigkeit einer Gemeinschaft. Der Verzicht auf die Geschlechtlichkeit in der Arbeitsbiene scheint den Zwecken der Gesamtheit des Stockes zu dienen. Dürfen wir mit diesem Gedanken der Zweckmäßigkeit Ernst machen, ist der Zweck eine Absicht?

Was in der belebten Natur auffällt, ist in der Tat, daß die zweckmäßigen Gebilde der organischen Form der Einzelindividuen aufeinander abgestimmt sind. Männliches und weibliches Geschlechtsorgan und alle Hilfsvorrichtungen fügen sich ineinander. Das Problem der Zweckhaftigkeit erweitert sich so zu dem der allgemeinen Zweckhaftigkeit und der aufeinander abgestimmten Zweckhaftigkeit in der belebten Natur. E. BECHER[2]) hat von der fremddienlichen Zweckmäßigkeit bei den Pflanzengallen gesprochen, bei welchen die Wirtspflanze ein Gebilde produziert, welches lediglich der Gallwespenbrut dient. BECHER weist auf die Schwierigkeit hin, welche ein derartiges Gebilde sowohl einem lamarckistischen als auch einem darwinistischen Erklärungsversuch biete. Aber gegen den darwinistischen Standpunkt, die Wespen hätten Aussicht auf Arterhaltung, deren Instinkte der zufällig geeigneten

---

[1]) Hier könnte auch die Erklärung für die Anpassung der Arbeitsbienen liegen. Die DARWINsche Erklärung, daß nur jene Bienen Aussicht haben, sich fortzuerhalten, deren Arbeitsbienen bestimmte Fähigkeiten und Organe entwickeln, ist logisch unanfechtbar, jedoch gezwungen. Der BLEULERsche Gedanke, daß durch das Zusammenleben im Stock eine außergeschlechtliche Übertragung von Bedürfnissen stattfinde, ist durch Tatsachen zu wenig gestützt. Aber vielleicht erfolgte die Ausgestaltung des Organismus der Arbeitsbienen und ihrer Instinkte zu einer Zeit, in der Fortpflanzungsfähigkeit noch gegeben war.

[2]) Die fremddienliche Zweckmäßigkeit der Pflanzenzellen und die Hypothese eines überindividuellen Seelischen. Leipzig. 1913.

Pflanze zudrängen, läßt sich kaum ein Einwand erheben. Schließlich gehört ja die Bildung der Galle in die Gruppe jener zahlreichen produktiven Leistungen des Organismus, welche zur Abwehr geschaffen werden, jener Leistungen, für die die Bildung der Immunstoffe bei Einspritzung von Giften ein weiteres Beispiel darbietet. Leistungen, die sich vergleichen lassen mit der Fülle von Denkmechanismen, welche bereitgestellt werden, wenn sich der Erreichung des Denkzieles Hindernisse in den Weg stellen; für die gallebereitende Pflanze hat die Galle nur den Sinn der Abwehr, mag diese nun gelungen oder nicht gelungen sein. Freilich wird man sich bei dem geringen Erklärungswert darwinistischer Erwägungen die Frage vorlegen dürfen, ob nicht die gallebereitende Pflanze besondere Bedeutung für die Gallwespe habe. Das Wesentliche wäre also die Haltung der Gallwespe. Aus ihrem Drang zur Außenwelt ist das Wesentliche des Geschehens erklärbar. Aber wir dürfen das Problem der fremddienlichen Zweckmäßigkeit verallgemeinern. Schließlich stellen die Lebensgemeinschaften, die Biozönosen, nur Beispiele für dasselbe Geschehen der Anpassung dar. „Bewältigung" findet nicht nur vom Lebendigen zum Unbelebten statt. Ein wesentlicher Teil einer jeden Außenwelt ist die belebte und der Lebenskreis eines jeden Organismus hat Lebendiges verschiedener Art in wechselnder Nähe um sich gereiht. Daß die organische Form sich nach den vom Lebenskreis gestellten Aufgaben bildet, ist eben das Wesen des Lebendigen. Daß Lebendiges des gleichen Lebenskreises zueinander passe, ist nur Ausdruck des Passens des Lebendigen in die Welt. Dieses Lebendige entfaltet sich am Lebendigen und am Unbelebten.

Wir werden von der Wahrheit nicht allzu weit entfernt sein, wenn wir die Entfaltung am Lebendigen als das Wesentlichere ansehen. Denn das ursprüngliche Erleben kennt nur Lebendiges und das wahre Lebendige, das sich der späteren Erkenntnis als belebt darstellt, ist tiefer gegliedert als das Unbelebte. Auch das Denken, das zur Bewältigung von Sachbezügen heranzieht, erhält seine wahre Fülle und Gewalt erst dann, wenn es sich am Lebendigen im allgemeinen und besonders am Mitmenschen entfaltet. Erst hier werden die Grundkräfte des Lebens, Liebe, Haß, Bewältigungsdrang, lebendig, welche auch Grundkräfte des Denkens sind. In diesem Sinne ist das Problem der fremddienlichen Zweckmäßigkeit Ausdruck jener psychologischen Erlebnisse, welche im weitesten Sinne als sozial gelten können. Diese Grundkräfte wirken auch gestaltend und bildend auf den Organismus ein. In diesem Sinne sind auch Pflanzenwelt und Tierwelt einander angepaßt.

Beide sind den Aufgaben zugewendet, welche die Umgebung stellt und die erst erfüllt sind, wenn sich beide Welten behauptet haben. Aber das Verständnis dieser Formen gewinnen wir nur, wenn wir das strebende und fassende Individuum betrachten. Mag sein, daß ihm die Außenwelt

„entgegenkomme"! Das Lebendige ist in eine Welt gestellt, welche
es denkend, handelnd erfassen kann. Nicht daß das Lebendige „neue"
Eigenschaften entwickeln würde, letzten Endes ist die Entwicklung
nur ein Distinkter-werden, ein Sichentfalten von etwas, was bereits
da ist. Nicht im Sinne der alten Evolutionstheorie, nicht ein Größer-
und Sichtbarwerden, ein Auseinanderlegen von Teilen, welche als solche
schon da waren. Aber im Gedankenkeim war schon alles da, was sich
später entwickelte, in der primitiven Hautsensibilität ist die Licht-
empfindung schon enthalten. Es ist da, wie das Auge schon im Einzeller
ist. Die Teile, welche im Laufe der Entwicklung auseinandergelegt
wurden, schließen sich auf höherer Stufe neuerdings zur Einheit zusammen, welche nicht wiederum Summe der Teile ist, sondern die
frühere Einheit auf höherer Stufe wiederholt. In diesem Sinne schafft
der Organismus im Laufe der Entwicklung nichts Neues. Hier liegt
der Sinn der Konvergenz. Hier scheint mir auch der tiefere Sinn der
Lehre von den Genen zu liegen. Aber der Organismus bedarf, wie ich
wiederholt betont habe, der Welt zu seiner Entfaltung. Erst in der
Berührung mit der Welt erscheinen seine Potenzen. Man kann die
Organismenreihe als eine Entfaltung der Potenzen des Organischen
ansehen. Unendlich vieles von den Potenzen bleibt maskiert (DRIESCH). So
ist beim Seestern der ganz junge Keim und der erwachsene restitutions-
fähig, nicht aber die Bipinnarialarve. Die Entfaltung geschieht zwar
an der Außenwelt, aber sie setzt die Eigengesetzlichkeit des jeweiligen
Organismus und damit des Organischen überhaupt voraus.

Man stellt gerne die sinnlose Außenwelt dem sinnhaften Organismus
gegenüber. Mag sein, daß die Außenwelt sinnlos ist. Aber treibt nicht
auch sie irgendwohin? Sollte die primitive Annahme einer belebten
Außenwelt nicht wenigstens als Gleichnis für ein vorläufig noch Unver-
ständliches ihre Berechtigung haben? Sei die Welt aber sinnlos oder
doch dunkel, einem unbekannten Ziele zugewendet, sie existiert, so wie
das Du in den verschiedensten Gestaltungen besteht. Nichts verkehrter
als die Anschauung KANTS und der Kantianer, daß ein Netz mit vorgegebenen Formen vom Subjekt geworfen werde, in das wiederum
das Subjekt nur seiner Eigenart entsprechend Eintragungen mache.
„Die Verbindung eines Mannigfaltigen kann niemals durch Sinne in
uns kommen, sondern sie ist jederzeit ein Aktus der Spontaneität, der
Vorstellungskraft. So können wir uns nichts im Objekt verbunden vorstellen, ohne es vorher selbst verbunden zu haben, und unter allen Vorstellungen ist die Verbindung die einzige, die nicht durch Objekte gegeben,
sondern nur vom Subjekte verrichtet werden kann[1])." Aber was hat
der Kritizismus aus der Außenwelt gemacht? Was hat er nicht alles

---

[1]) Kritik der reinen Vernunft, 2. Aufl., S. 129.

dem Subjekt zugeschrieben! Dem gegenüber steht im Erlebnis eine Außenwelt. Mag sein, daß auf primitiver Stufe die Zuteilung im einzelnen, was zum Objekt, was zum Subjekt gehöre, nicht völlig geleistet ist. Gleichwohl setzt das Innere das Äußere ebenso voraus wie umgekehrt. Ein Teil des Erlebnisses wird erst im Laufe der Entwicklung endgültig dem Äußeren (Objekt) oder Inneren (Subjekt) zugeteilt. So in der individuellen Entwicklung. Sollte es in der Stammesentwicklung anders sein? Die Stammesentwicklung zieht die Grenzen zwischen Objekt und Subjekt schärfer, wobei sich die Eigenschaften des Außen immer klarer abzeichnen. Die Sinnesorgane entwickeln sich zu einer vollendeteren Erfassung der Außenwelt, sie entstehen, weil der unmittelbare Drang nach der Aufnahme des Wirklichen durch die komplizierte Struktur der Außenwelt immer wieder gehemmt wird und die Erkenntnismöglichkeit und die Bildung erkenntnisbringender Organe aus dieser Hemmung erfließen. Erst auf diesem Umwege, der sich in der organischen Form ausprägt, setzt sich unsere Bewältigungstendenz der Wirklichkeit gegenüber durch. Der naive Realismus ist gerechtfertigt. Man hat nicht das Recht, der vernunftgeborenen Überlegung mehr zu trauen als den triebgeborenen Sinnen. Die Sinne trügen nicht. So konvergiert der Prozeß der Entwicklung der Organismenreihe und damit des Weltganzen zu einer immer wieder vermannigfachten Erfassung des Außen, womit die tiefe Erfüllung des Wesens des Organismus gegeben ist. Erfassung ist hier in dem Doppelsinne der Sprache gemeint: Etwas nehmen und es sich einzuverleiben und es denkend und erfahrend bewältigen, um es dann wirklich einverleiben zu können. So stellt sich das Außen als eine umfassend reiche Wirklichkeit dar.

Sinn des Lebendigen ist es, sich an ihr Organe, Sinne, Denkapparate zu bilden, welche es zu immer neuen Teilen und Strukturen der Wirklichkeit hingeleiten.

An der Wirklichkeit, die in ihrer Mannigfaltigkeit erfaßt wird, gewinnt die Handlung als Ausdruck der Persönlichkeit ihre höchste Würde.

Buch- und Kunstdruckerei „Steyrermühl“, Wien VI

Vorlesungen über allgemeine Konstitutions- und Vererbungslehre für Studierende und Ärzte. Von Dr. **Julius Bauer**, Privatdozent für Innere Medizin an der Universität Wien. Z w e i t e, vermehrte und verbesserte Auflage. Mit 56 Textabbildungen. IV, 218 Seiten. 1923.   RM 6,50

Physiologische Theorie der Vererbung von Prof. Dr. **Richard Goldschmidt,** 2. Direktor des Kaiser-Wilhelm-Instituts für Biologie in Berlin-Dahlem. Mit 59 Abbildungen. VI, 247 Seiten. 1927.
RM 15,—; gebunden RM 16,50

Vererbung und Seelenleben. Einführung in die psychiatrische Konstitutions- und Vererbungslehre. Von Dr. **Hermann Hoffmann**, Privatdozent für Psychiatrie und Neurologie an der Universität Tübingen. Mit 104 Abbildungen und 2 Tabellen. VI, 258 Seiten. 1922.   RM 8,50

Temperament und Charakter. Von Privatdozent Dr. **G. Ewald**, a. o. Professor der Psychiatrie an der Universität Erlangen. („Monographien aus dem Gesamtgebiet der Neurologie und Psychiatrie", Band 41.) Mit 2 Abbildungen. IV, 156 Seiten. 1924.   RM 9,—*)

Das autistisch-undisziplinierte Denken in der Medizin und seine Überwindung. Von Dr. **E. Bleuler**, Professor der Psychiatrie in Zürich. V i e r t e Auflage. VII, 210 Seiten. 1927.   RM 7,50

Naturgeschichte der Seele und ihres Bewußtwerdens. E i n e E l e m e n t a r p s y c h o l o g i e. Von Dr. **E. Bleuler**, Professor der Psychiatrie in Zürich. Z w e i t e Auflage.   In Vorbereitung.

Der Gegenstand der Psychologie. Eine Einführung in das Wesen der empirischen Wissenschaft. Von **Paul Häberlin**, ord. Professor an der Universität Bern. VI, 174 Seiten. 1921.   RM 9,—

Logik der Morphologie i m R a h m e n e i n e r L o g i k d e r g e s a m t e n B i o l o g i e. Von Dr. **Adolf Meyer**, Privatdozent an der Universität Hamburg, Bibliothekar an der Hamburgischen Staats- und Universitätsbibliothek. Mit 3 Abbildungen. VIII, 290 Seiten. 1926.   RM 18,—

Die Zweckmäßigkeit in der Entwicklungsgeschichte. Eine finale Erklärung embryonaler und verwandter Gebilde und Vorgänge. Von **Karl Peter**, Greifswald. Mit 55 Textfiguren. X, 323 Seiten. 1920.   RM 10,—

Psychogenese
und Psychotherapie körperlicher Symptome

Von

R. Allers-Wien, J. Bauer-Wien, L. Braun-Wien, R. Heyer-München, Th. Hoepfner-Cassel, A. Mayer-Tübingen, C. Pototzky-Berlin, P. Schilder-Wien, O. Schwarz-Wien, J. Strandberg-Stockholm

Herausgegeben von Oswald Schwarz, Wien

Mit 10 Abbildungen im Text. 499 Seiten. 1925. RM 27,—; gebunden RM 28,50.

**Erster Teil: Entwicklung, Gestaltung und Bewältigung des Leib-Seele-Problems in der Medizin.
Zweiter Teil: Spezielle Pathologie psychogener Organsymptome.
Dritter Teil: Psychotherapie.**

Aus den Besprechungen:

Der Abschnitt von Schilder über „Das Leib-Seelen-Problem vom Standpunkt der Philosophie und naturwissenschaftlichen Psychologie" erfreut durch seine undogmatische Sachlichkeit in weltanschaulichen Dingen und, wie immer bei S c h i l d e r, durch die Fülle der sich vordrängenden Gedanken und Gedankenansätze.

Zentralblatt für die gesamte Neurologie und Psychiatrie.

„Der Wert und damit auch das Schicksal von Büchern, besonders solcher wie des vorliegenden, wird durch den Grad bestimmt, in dem sie Ausdruck einer geistigen Richtung sind und deren Tendenzen verwirklichen helfen. Dadurch wird ein Buch wahrhaft und notwendig." In diesem Sinne ist dieses Buch notwendig, denn es entspringt aus dem aktuellen Bestreben nach synthetischer Betrachtung des Naturgeschehens und dem Bedürfnis nach wissenschaftstheoretischer Fundierung.

Zeitschrift für Kinderforschung.

Psychologie des Säuglings

Von

Dr. Siegfried Bernfeld, Wien

272 Seiten. 1925. RM 12,—; gebunden RM 13,20.

Aus den Besprechungen:

Wir haben es mit einem Kompendium unseres psychologischen Wissens über die früheste Kindheit zu tun. Doch das Werk ist mehr als das. Auf dem Fundament der Freudschen Psychologie macht es das Triebleben zur Grundlage der theoretischen Zusammenfassung. Es versucht, „die psychischen Fakta des behandelten Lebensabschnittes unter den Gesichtspunkten der Entwicklungspsychologie des Triebes" zu setzen.

Annalen der Philosophie.

Das Buch bedeutet eine noch nicht abschätzbare Bereicherung unseres Wissens um den Menschen.

Internationale Zeitschrift für Psychoanalyse.

Grundriß der Kriminalbiologie

Werden und Wesen der Persönlichkeit des Täters nach Untersuchungen an Sträflingen

Von

Dr. Adolf Lenz

Professor an der Universität Graz, Vorsteher des Kriminologischen Instituts

Mit 51 Abbildungen im Text. 259 Seiten. Preis: RM 15,—, in Ganzleinen gebunden RM 16,80

Aus den Besprechungen:

Als interessanten Typus eines Werkes, das ein scheinbar nur einer speziellen Praxis zugehöriges Gebiet mit der gesamten modernen Kulturpsychologie in Beziehung setzt, nenne ich den „Grundriß der Kriminalbiologie". Durch den Ausdruck „Kriminalbiologie" will der Verfasser betonen, daß das gesamte, auch physische Leben für die Erkenntnis des Werdens und Wirkens der Persönlichkeit des Verbrechers heranzuziehen sei, aus dessen Ganzheit von ererbten und erworbenen Dispositionen und Strukturen das Verbrechen begriffen werden soll.

Literarische Berichte aus dem Gebiete der Philosophie.

Man findet den Einfluß der modernen Psychologie, der Psychoanalyse Freuds und der Individualpsychologie Adlers. Verfasser stellt den Menschen in die nach Naturgesetzen ablaufende Außenwelt als ein gesondertes Gebilde mit Eigengesetzlichkeit. So erfaßt die biologische Betrachtungsweise das Verbrechen als ein aus dem Wechselspiel von Außen- und Innenwelt entstandenes Erlebnis.

Zentralblatt für die gesamte Psychologie und Neurologie.